U0279158

中国古生物研究丛书

Selected Studies of Palaeontology in China

蓝田生物群

The Lantian Biota

袁训来　万　斌　关成国　陈　哲　周传明
肖书海　王　伟　庞　科　唐　卿　华　洪　著

上海科学技术出版社

图书在版编目(CIP)数据

蓝田生物群/袁训来等著.—上海：上海科学技术出版社，2016.1
（中国古生物研究丛书）
ISBN 978-7-5478-2854-0

Ⅰ.①蓝… Ⅱ.①袁… Ⅲ.①生物群-古生物学-研究-休宁县 Ⅳ.①Q911.725.44

中国版本图书馆CIP数据核字(2015)第255991号

审图号：GS(2008)1228号

从书策划 季英明
责任编辑 季英明 濮紫兰
装帧设计 戚永昌

蓝田生物群

袁训来 万 斌 关成国 陈 哲 周传明
肖书海 王 伟 庞 科 唐 卿 华 洪 著

上海世纪出版股份有限公司
上海科学技术出版社 出版
(上海钦州南路71号 邮政编码200235)
上海世纪出版股份有限公司发行中心发行
200001 上海福建中路193号 www.ewen.co
南京展望文化发展有限公司排版
上海中华商务联合印刷有限公司印刷
开本 940×1270 1/16 印张 9.5 插页 4
字数 250千字
2016年1月第1版 2016年1月第1次印刷
ISBN 978-7-5478-2854-0/Q·35
定价：198.00元

内 容 提 要

蓝田生物群是地球上最古老的宏体复杂生物群，距今约6亿年。

地球上最早的生命是单细胞原核生物，它们起源于距今38亿年之前的海洋中。大约在距今25亿年前后，地球大气圈中出现了氧气，真核生物也随之起源，当时地球上的生物主要是微体单细胞生物。

多细胞宏体生物的出现是生命进化史上极为重要的革新事件。生物多细胞化以后，才有细胞分化、组织分化，从而进一步出现器官的分化，生物也就具有了不同的结构和形态。蓝田生物群正是这一重要生命进化历程的见证。

蓝田生物群产于安徽省休宁县蓝田地区埃迪卡拉系蓝田组的黑色页岩中。该地质剖面从下到上包括：休宁组、雷公坞组、蓝田组、皮园村组和荷塘组。其中雷公坞组为冰川沉积，是当时全球性极端寒冷事件的体现，常称为“雪球地球”事件。寒冷过后，温暖气候回到了地球，蓝田生物群就生活在这一时期温暖海洋中的静水环境，水深在50米至200米之间。

蓝田生物群中有扇状、丛状生长的多种海藻，也有类似刺细胞动物或蠕虫类的动物。研究显示，在新元古代“雪球地球”事件刚刚结束后不久，形态多样化的宏体生物，包括海藻和动物就发生了快速的辐射。同时也意味着，这个时期大气圈中的氧气含量有了明显的升高，较深部海水已经由“雪球地球”之前的还原状态转变成了间歇性的氧化状态，为高等生命的生存提供了条件。

Brief Introduction

The ~600-million-year-old Lantian biota hosts some of the earliest forms of macroscopic eukaryotes characterized by multicellularity and complex morphologies. The evolution of eukaryotes around 2500 million years ago when atmospheric oxygen rose to unprecedented levels (although still orders of magnitude below modern levels) terminated the monopoly of Earth's biosphere by eubacteria and archaebacteria. The rise of multicellularity among eukaryotes represents a major transition in evolution, allowing the evolution of macroscopic organisms with cell, tissue, and organ differentiation and eventually leading to the appearance of animals. The Lantian biota witnessed this major transition.

The Lantian biota is preserved in black shales of the Ediacaran Lantian Formation in Xiuning County of southern Anhui Province. The Proterozoic-Cambrian succession in this area includes the Xiuning, Leigongwu, Lantian, Piyuancun, and Hetang formations. Of these, the Leigongwu Formation consists of glaciogenic diamictites deposited during a major ice age dubbed the snowball Earth. Shortly after the ice thawed about 635 million years ago, multicellular eukaryotes flourished in warm, still, and photic marine environments and these organisms were preserved in the Lantian Formation.

Most fossils in the Lantian biota are likely benthic algae but a few are similar to and may represent putative animals such as cnidarians and worms. The Lantian fossils tell a vivid story about the burgeoning multicellular eukaryotes and the rising yet fluctuating oxygen levels in the wake of the snowball Earth. Continuing study of the Lantian biota and its environmental context will teach us about the Earth's past and inform us about its future.

序

《中国古生物研究丛书》由上海科学技术出版社编辑出版，今明两年内将陆续与读者见面。这套丛书有选择地登载中国古生物学家近20年来，根据中国得天独厚的化石材料做出的研究成果，不仅记录了一些震惊世界的发现，还涵盖了对一些古生物学和演化生物学关键问题的探讨和思考。出版社盛邀在某些领域里取得突出成绩的多位中青年学者，以多年工作积累和研究方向为主线，进行一次阶段性的学术总结。尽管部分内容在国际高端学术刊物上发表过，但在整理和综合的基础上，首次全面、系统地编撰成中文学术丛书，旨在积累专门知识、方便学习研讨。这对中国学者和能阅读中文的外国读者而言，不失为一套难得的、专业性较强的古生物学研究丛书。

化石是镌刻在石头上的史前生命。形态各异、栩栩如生的化石告诉我们许多隐含无数地质和生命演化的奥秘。中国不愧为世界上研究古生物的最佳地域之一，因为这片广袤土地拥有重要而丰富的化石材料。它们揭示史前中国曾由很多板块、地体和岛屿组成；这些大大小小的块体原先分散在不同气候带的各个海域，经历很长时期的分隔，才逐渐拼合成现在的地理位置；这些块体表面，无论是海洋还是陆地，都滋养了各时代不同的生物群。结合其生成的地质年代和环境背景，可以揭示一幕幕悲（生物大灭绝）喜（生物大辐射）交加、波澜壮阔的生命过程。自元古代以来，大批化石群在中国被发现和采集，尤其是距今5.2亿年的澄江动物群和1.2亿年的热河生物群最为醒目。中国的古生物学家之所以能做出令世人赞叹的成果，首先就是得益于这些弥足珍贵的化石材料。

其次，这些成果的取得也得益于中国古生物研究的悠久历史和浓厚学术氛围。著名地质学家李四光、黄汲清先生等，早年都是古生物学家出身，后来成为地质学界领衔人物。正是中国的化石材料，造就了以他们为代表的一大批优秀古生物学家群体。这个群体中许多前辈的野外工作能力强、室内研究水平高，在严密、严格、严谨的学风中沁润成优良的学术氛围，并代代相传，在科学界赢得了良好声誉。现今中青年古生物学家继承老一辈的好学风，视野更宽，有些已成长为国际权威学者；他们为寻找掩埋在地下的化石，奉献了青春。我们知道，在社会大转型的过程中，有来自方方面面的诱惑。但凭借着对古生物学的热爱和兴趣，他们不在乎生活有多奢华、条件有多优越，而在乎能否找到更好、更多的化石，能否更深入、精准地研究化石。他们在工作中充满激情，愿意为此奉献一生。我们深为中国能拥有这一群体感到骄傲和自豪。

同时，中国古生物学还得益于改革开放带来的大好时光。我们很幸运地得到了国家（如科技部、中国科学院、自然科学基金委、教育部等）的大力支持和资助，这不仅使科研条件和仪器设备有了全新的提高，也使中国学者凭借智慧和勤奋，在更便利和频繁的国际合作交流中创造出优秀的成果。

将要与读者见面的这套丛书，全彩印刷、装帧精美、图文并茂，其中不乏化石及其复原的精美图片。这套丛书以从事古生物学及相关研究和学习的本科生、研究生为主要对象。读者可以从作者团队多年工作积累中，阅读到由系列成果作为铺垫的多种学术思路，了解到国内外相关专业的研究近况，寻找到与生命演化相关的概念、理论和假说。凡此种种，不仅对有志于古生物研究的年轻学子，对于已经入门的古生物学者也不无裨益。

戎嘉余　周忠和

《中国古生物研究丛书》主编

2015年11月

前 言

中国南方埃迪卡拉纪地层发育完整，生物化石丰富。以“瓮安生物群”、“庙河生物群”、“石板滩生物群”和“蓝田生物群”等为代表的化石生物群是埃迪卡拉纪海洋生物圈的重要代表，为研究“寒武纪大爆发”前夕多细胞生物起源与早期演化提供了实证材料。在过去20多年里，中国科学院南京地质古生物研究所的早期生命研究团队对这些化石生物群及其环境背景进行了系统的研究，取得一系列重要成果，得到了国内外相关学术界的广泛认可。

“蓝田生物群”是团队近5年的研究重点之一，其中部分成果已经以科研论文的形式发表。为了让大家对“蓝田生物群”有一个更全面的了解，本书对以往研究成果和最新研究进展进行了系统总结，并配以大量化石实物照片和复原图，旨在向读者展示距今约6亿年前的埃迪卡拉纪早期海洋生物群的总体面貌以及生活时的环境背景。

本书重点内容是蓝田生物群的化石生物学和古环境研究。化石生物学的工作主要由万斌、袁训来、陈哲、肖书海、庞科、唐卿和华洪完成，古环境方面由关成国、王伟和周传明完成，其他内容由袁训来、肖书海、周传明和陈哲完成。

本书所依托的相关研究得到中华人民共和国科学技术部、国家自然科学基金委员会、中国科学院，以及现代古生物学和地层学国家重点实验室（中国科学院南京地质古生物研究所）项目的联合资助。也得益于安徽省国土资源厅、休宁县国土资源局和蓝田镇人民政府给予的诸多支持和帮助；中国科学院南京地质古生物研究所曹瑞骥研究员、薛耀松研究员、尹磊明研究员、李军研究员、傅强副研究员、孟凡巍副研究员、张华侨副研究员、西北大学蔡耀平副教授和山东科技大学陈雷博士给予诸多有益的探讨和建议；中国科学院南京地质古生物研究所王金龙高级工程师、李皆同志以及休宁县前川村余兴峰和余长顺同志给予诸多野外工作的帮助。在此一并致以热忱的感谢。

本书对高等院校、科研机构的专业人士具有参考价值。由于作者水平有限，书中难免出现错误，恳请读者谅解并指正。

目 录

序
前言

蓝田生物群产地——安徽省休宁县蓝田地区

绪 言

多细胞生物的出现是地球生命进化史上极为重要的革新事件。生物多细胞化以后，才有细胞的分化，进一步实现器官的分化以及各种功能和形态的出现。在现今生物圈中，包括人类在内的所有肉眼可见的生命，几乎都是多细胞宏体生物，它们在生物谱系树上属于真核生物一支，也是我们常说的"高等生物"。在地质历史中，自寒武纪至今，这些多细胞生物在地球生物圈中扮演了最重要的角色，但它们是何时、何种环境背景下、以何种形态由单细胞生物演化而来？要回答这些问题，只有保存在古老岩层中的生物化石才能提供最直接的证据。

在地球生命史中，多细胞生物有着一段扑朔迷离的早期演化历史。在寒武纪早期，以小壳动物群和澄江动物群为典型代表的化石生物群，显示了多细胞动物在距今5.4亿至5.2亿年间发生了大规模的辐射 (钱逸, 1999; 侯先光等, 1999; 陈均远, 2004; Shu, 2008)。除一些寄生类型外，大部分现生动物门类在这个时段都有代表性分子出现 (Zhang et al., 2014)，这就是通常所说的"寒武纪大爆发"。而在寒武纪之前，虽然多细胞宏体生物化石相对稀少，但一类形态特异的、大型的和软躯体印模保存的埃迪卡拉宏体生物化石在晚前寒武纪 (距今5.8亿至5.4亿年间) 的地层中有着广泛的分布 (Glaessner, 1984; Fedonkin, 1990; Waggoner, 2003; Narbonne, 2005; Xiao and Laflamme, 2009; Chen et al., 2014)。尽管目前对这一化石组合的生物属性以及与寒武纪之后出现的多细胞宏体生物的亲缘关系还存在很多争议 (McMenamin, 1986; Seilacher, 1989, 1992; Zhuravlev, 1993; Retallack, 1994, 2012; Peterson et al., 2003; Xiao et al., 2013)，但它们显然都属于多细胞宏体生物，部分类型也可以解释为体型奇特的腔肠动物和软体动物等 (Glaessner, 1984; Conway Morris, 1993; Fedonkin and Waggoner, 1997)。

迄今为止，最古老的典型埃迪卡拉生物组合来自加拿大距今5.79亿至5.65亿年的深水沉积岩石中，称为"阿瓦隆生物群" (Avalon Biota) (Narbonne, 2005)。同时也表明这个时期的大气圈和海洋中已经含有足够的氧气，从而使得深海区域都能够适合宏体真核生物的生存 (Canfield et al., 2007)，而在此之前的地球历史中，可靠的宏体真核生物化石极为稀少，大家也普遍认为海水中溶解的氧气不足以支持宏体真核生物的大量发展。

20世纪80年代以来，在中国南方扬子地台早于5.8亿年的陡山沱组地层中，发现了以"瓮安生物群"为代表的磷酸盐化和硅化的微体真核生物化石库，如在贵州瓮安地区、湖北三峡地区、湖北保康磷矿、江西上饶磷矿等地，不但发现了大量的大型带刺疑源类化石，还发现了保存精美的微体管状动物化石和可能的动物胚胎化石以及众多的多细胞藻类化石 (Zhang and Yuan, 1992; 袁训来等, 1993, 2002; Xiao et al., 1998, 2000, 2014; Zhou et al., 2002; Yin et al., 2004; Yin et al., 2007; Liu et al., 2014; Chen et al., 2014)，它们为探索新元古代大冰期之后、埃迪卡拉生物群出现之前的多细胞真核生物早期演化提供了重要的实证材料。对这些化石库进行的一系列研究表明，在埃迪卡拉纪早期，包括多细胞藻类和后生动物在内的真核生物，已经发生了辐射。同时，相关地层的稳定同位素地球化学、元素地球化学、矿物学和沉积学研究，揭示了埃迪卡拉纪的环境发生了剧烈变化。尽管埃迪卡拉纪早期的海洋斜坡和盆地都是缺氧的，甚至可能是硫化的环境，但该时期海洋和大气圈发生了多次氧化事件 (McFadden et al., 2008; Canfield, et al., 2008; Scott et al., 2008; Shen et al., 2008; Li et al., 2010)。这些研究似乎证实了埃迪卡拉宏体生物群出现之前的浅海生态系统中，真核生物不仅是以微体为主，而且海洋还存在氧化–还原梯度不同的分层现象。

本专著介绍的距今约6亿年的"蓝田生物群"，产自中国安徽省南部休宁县蓝田镇埃迪卡拉纪早期蓝田组黑色页岩中，它不但在时代上早于埃迪卡拉生物群，而且生物群面貌和保存方式也显著不同。这一独特的宏体化石生物群，为我们重新认识复杂宏体多细胞生物的早期演化和环境背景打开了一个新窗口 (Narbonne et al., 2011; 袁训来等, 2012)。

参考文献

陈均远. 2004. 动物世界的黎明. 南京: 江苏科学技术出版社, 1–366.

侯先光, 杨·伯格斯琼, 王海峰, 等. 1999. 澄江动物群——5.3亿年前的海洋动物. 昆明: 云南科技出版社, 40–49.

钱逸. 1999. 中国小壳化石分类学与生物地层学. 北京: 科学出版社, 27–31.

袁训来, 陈哲, 肖书海, 等. 2012. 蓝田生物群: 一个认识多细胞生物起源和早期演化的新窗口. 科学通报, 57(34): 3219–3227.

袁训来, 王启飞, 张昀. 1993. 贵州瓮安磷矿晚前寒武纪陡山沱期的藻类化石群. 微体古生物学报, 10(4): 409–420.

袁训来, 肖书海, 尹磊明, 等. 2002. 陡山沱期生物群——早期动物辐射前夕的生命. 安徽: 中国科学技术大学出版社, 26–40.

Canfield D E, Poulton S W, Knoll A H, et al. 2008. Ferruginous conditions dominated later Neoproterozoic deep-water chemistry. Science, 321: 949–952.

Canfield D E, Poulton S W, Narbonne G M. 2007. Late-Neoproterozoic deep-ocean oxygenation and the rise of animal life. Science, 315: 92–95.

Chen L, Xiao S, Pang K, et al. 2014. Cell differentiation and *germ-soma* separation in Ediacaran animal embryo-like fossils. Nature, 516: 238–241.

Chen Z, Zhou C, Xiao S, et al. 2014. New Ediacara fossils preserved in marine limestone and their ecological implications. Scientific reports, 4: 1–10.

Conway Morris S. 1993. The fossil record and the early evolution of the Metazoa. Nature, 361: 219–225.

Fedonkin M A. 1990. Systematic description of Vendian Metazoa // Sokolov B S, Iwanowski A B. The Vendian System, Vol. 1: Paleontology. Heidelberg: Springer-Verlag, 71–120.

Fedonkin M A, Waggoner B M. 1997. The late Precambrian fossil *Kimberella* is a mollusc-like bilaterian organism. Nature, 388: 868–871.

Glaessner M F. 1984. The dawn of animal life: A biohistorical study. Cambridge, United Kingdom: Cambridge University Press, 1–244.

Li C, Love G D, Lyons T W, et al. 2010. A stratified redox model for the Ediacaran Ocean. Science, 328: 80–83.

Liu P, Xiao S, Yin C, et al. 2014. Ediacaran acanthomorphic acritarchs and other microfossils from chert nodules of the upper Doushantuo Formation in the Yangtze Gorges area, South China. Journal of Paleontology, 88(sp72): 1–139.

McFadden K A, Huang J, Chu X, et al. 2008. Pulsed oxidation and biological evolution in the Ediacaran Doushantuo Formation. Proceedings of the National Academy of Sciences of the United States of America, 105(9): 3197–3202.

McMenamin M A S. 1986. The garden of Ediacara. Palaios, 1(2): 178–182.

Narbonne G M. 2005. The Ediacara biota: Neoproterozoic origin of animals and their ecosystems. Annual Reviews of Earth and Planetary Sciences, 33: 421–442.

Narbonne G M. 2011. When life got big. Nature, 470: 339–340.

Peterson K J, Waggoner B, Hagadorn J W. 2003. A fungal analog for Newfoundland Ediacaran Fossils? Integrative and Comparative Biology, 43(1): 127–136.

Retallack G J. 1994. Were the Ediacaran fossils lichens? Paleobiology, 20(4): 523–544.

Retallack G J. 2013. Ediacaran life on land. Nature, 493: 89–92.

Scott C, Lyons TW, Bekker A , et al. 2008. Tracing the stepwise oxygenation of the Proterozoic ocean. Nature, 452: 456–459.

Seilacher A. 1989. Vendozoa: Organismic construction in the Proterozoic biosphere. Lethaia, 22(3): 229–239.

Seilacher A. 1992. Vendobionta and Psammocorallia: Lost constructions of Precambrian evolution. Journal of the Geological Society, 149(4): 607–613.

Shen Y, Zhang T, Hoffman P F. 2008. On the co-evolution of Ediacaran oceans and animals. Proceedings of the National Academy of Sciences of the United States of America, 105(21): 7376–7381.

Shu D. 2008. Cambrian explosion: Birth of tree of animals. Gondwana Research, 14(1-2): 219–240.

Waggoner B. 2003. The Ediacaran biotas in space and time. Integrated and Comparative Biology, 43(1): 104–113.

Xiao S, Droser M, Gehling J G, et al. 2013. Affirming life aquatic for the Ediacara biota in China and Australia. Geology, 41(10): 1095–1098.

Xiao S, Laflamme M. 2009. On the eve of animal radiation: Phylogeny, ecology and evolution of the Ediacara biota. Trends in Ecology & Evolution, 24(1): 31–40.

Xiao S, Muscente A D, Chen L, et al. 2014a. The Weng'an biota and the Ediacaran radiation of multicellular eukaryotes. National Science Review, 1(4): 498–502.

Xiao S, Zhang Y, Knoll A H. 1998. Three-dimensional preservation of algae and animal embryos in a Neoproterozoic phosphorite. Nature, 391: 553–558.

Xiao S, Zhang Y, Knoll A H. 2000. Eumetazoan fossils in

terminal Proterozoic phosphorites? Proceedings of the National Academy of Sciences of the United States of America, 97(25): 13684–13689.

Xiao S, Zhou C, Liu P, et al. 2014b. Phosphatized acanthomorphic acritarchs and related microfossils from the Ediacaran Doushantuo Formation at Weng'an (South China) and their implications for biostratigraphic correlation. Journal of Paleontology, 88(1): 1–67.

Yin C, Bengtson S, Yue Z. 2004. Silicified and phosphatized *Tianzhushanian*, spheroidal microfossils of possible animal origin from the Neoproterozoic of South China. Acta Palaeontologica Polonica, 49(1):1–12.

Yin L, Zhu M, Knoll A H, et al. 2007. Doushantuo embryos preserved inside diapause egg cysts. Nature, 446: 661–663.

Zhang X, Shu D. 2014. Causes and consequences of the Cambrian explosion. Science China Earth Sciences, 57(5): 930–942.

Zhang Y, Yuan X. 1992. New data on multicellular thallophytes and fragments of cellular tissues from late Proterozoic phosphate rocks, South China. Lethaia, 25(1): 1–18.

Zhou C, Yuan X, Xiao S. 2002. Phosphatized biotas from the Neoproterozoic Doushantuo Formation on the Yangtze Platform. Chinese Science Bulletin, 47(22): 1918–1924.

Zhuravlev A Y. 1993. Were Ediacaran Vendobionta multicellulars? Neues Jahrbuch für Geologie und Paläontologie, Abhandlungen. 190(2): 299–314.

袁训来研究员指导学生采集化石

1 蓝田生物群的研究历史

蓝田生物群发现于我国安徽省黄山市休宁县境内的蓝田地区，化石主要以碳质压膜的形式保存在新元古界埃迪卡拉系下部蓝田组二段的黑色页岩中 (图1.1)。

这一宏体生物化石组合最早于1981年由毕治国和王贤芳在安徽省南部的休宁县、黟县一带发现，并由邢裕盛等 (1985) 进行了报道，认为其主要为红藻和褐藻类化石，初步描述了5属。毕治国等 (1988) 在总结皖南震旦系地层时，描述了6属的藻类化石。邢裕盛等 (1989) 对这些化石进行了重新研究和修订，建立了4属7种。之后，阎永奎等 (1992) 又新建了7个新属11个新种，并把该生物

图1.1　蓝田生物群的产地和层位

A. 化石产地的交通位置图，红色三角形为剖面地点；B. 化石挖掘现场，化石产出于蓝田组二段的黑色页岩。

组合定名为“蓝田植物群”，总共包括12属18种的宏体藻类化石。

在早期的研究工作中，研究者在进行化石的系统古生物学描述时，新属种的建立没有指定模式标本，依据国际植物命名法则 (ICBN)，这些化石名称属于无效命名。因此，陈孟莪等 (1994) 对这些化石进行了系统研究和总结，重新命名并正式发表，描述了8属14种宏体藻类化石，以及1种可疑的蠕虫状化石，再次建议把这个宏体化石组合称为“蓝田植物群 (Lantian Flora) ”。之后，这一化石生物群逐渐引起了古生物学者的关注 (Steiner, 1994; Chen et al., 1995; 唐烽等, 1997) 。

袁训来等1994年开始参与该化石生物群的研究，于1995年发表了初步研究成果，认为后生植物在该时期发生了较大的形态分异 (袁训来等, 1995) 。20世纪末，袁训来等继续对该化石生物群进行了系统的标本采集和详细研究，对之前化石分类中存在的同物异名现象进行了修正，把以前描述的50个属种归入到12～15个种一级的分类单元，认为后生植物在该时期发生了辐射 (Yuan et al., 1999) 。之后还对其中的一类球形化石进行了较为深入的埋藏学研究 (Yuan et al., 2001) 。袁训来等在专著《陡山沱期生物群》中将该化石生物群作为陡山沱期生物群的重要组成部分，描述了其中最具代表性的5属8种宏体藻类化石，并结合瓮安生物群和庙河生物群的研究成果，讨论了宏体多细胞真核生物的早期演化历程 (袁训来等, 2002, 2006) 。

近年来，中国科学院南京地质古生物研究所的早期生命研究团队对这一化石生物群开展了更加详细的系统研究 (图1.2) 。在野外，不仅进行了大量的化石采样，还对蓝田地区前寒武纪至寒武纪早期的整个地质剖面进

图1.2　中国科学院南京地质古生物研究所早期生命研究团队

行了重新测量，对关键层段的覆盖物进行了剥离，并对产出化石的蓝田组地层进行了钻井取样。在室内，进行了化石生物学、化学地层学、沉积岩石学和地球化学研究，对这一化石生物群的总体面貌和时代等方面的研究取得了新进展。确认了该生物群属于埃迪卡拉纪早期的宏体多细胞生物群，早于已知的所有埃迪卡拉生物群，距今约6亿年。该生物群包含了形态多样的宏体藻类，也包含了一些具触手和类似肠道特征、形态可与现代刺细胞动物和蠕虫动物相比较的后生动物，认为它是一个认识多细胞生物起源和早期演化的新窗口 (Yuan et al., 2011; Narbonne, 2011)。鉴于这些可能的动物化石的新发现，袁训来等认为以前的名称"蓝田植物群"不能全面概括生物群的总体面貌，正式将其更名为"蓝田生物群 (Lantian Biota)"(袁训来等, 2012; Yuan et al., 2013)。

参考文献

毕治国, 王贤方, 朱鸿, 等 . 1988. 皖南震旦系 // 中国地质科学院. 地层古生物论文集. 北京: 地质出版社, 19: 27–60.

陈孟莪, 鲁刚毅, 萧宗正. 1994. 皖南上震旦统蓝田组的宏体藻类化石——蓝田植物群的初步研究. 中国科学院地质研究所集刊, 7: 252–267.

唐烽, 尹崇玉, 高林志. 1997. 安徽休宁陡山沱期后生植物化石的新认识. 地质学报, 71(4): 289–296.

邢裕盛, 丁启秀, 林蔚兴, 等. 1985. 后生动物及遗迹化石 // 邢裕盛等主编, 中国晚前寒武纪古生物. 北京: 地质出版社, 182–192.

邢裕盛, 刘桂芝, 乔秀夫, 等. 1989. 中国的上前寒武系 // 中国地层 (3). 北京: 地质出版社, 1–314.

阎永奎, 蒋传仁, 张世恩, 等. 1992. 浙赣皖南地区震旦系研究. 中国地质科学院南京地质矿产研究所所刊, 12: 1–105.

袁训来, 陈哲, 肖书海, 等. 2012. 蓝田生物群: 一个认识多细胞生物起源和早期演化的新窗口. 科学通报, 57(34): 3219–3227.

袁训来, 李军, 陈孟莪. 1995. 晚前寒武纪后生植物的发展及其化石证据. 古生物学报, 34(1): 90–102.

袁训来, 肖书海, 尹磊明, 等. 2002. 陡山沱期生物群——早期动物辐射前夕的生命. 安徽: 中国科学技术大学出版社, 26–40.

袁训来, 肖书海, 周传明. 2006. 新元古代陡山沱期真核生物的辐射 // 戎嘉余, 等编. 生物的起源, 辐射与多样性演变——华夏化石记录的启示. 北京: 科学出版社, 13–27.

Chen M, Xiao Z, Yuan X , et al. 1995. A great diversification of macroscopic algae in Neoproterozoic. Scientia Geologica Sinica (English Edition), 4: 295–308.

Narbonne G M. 2011. When Life Got Big. Nature, 470: 339–340.

Steiner M. 1994. Die neoproterozoischen Megaalgen Südchinas. Berliner geowissenschaftliche Abhandlungen (E), 15: 1–146.

Yuan X, Chen Z, Xiao S, et al. 2011. An early Ediacaran assemblage of macroscopic and morphologically differentiated eukaryotes. Nature, 470: 390–393.

Yuan X, Chen Z, Xiao S, et al. 2013. The Lantian biota: A new window onto the origin and early evolution of multicellular organisms. Chinese Science Bulletin (English Edition), 58(7): 701–707.

Yuan X, Li J, Cao R. 1999. A diverse metaphyte assemblage from the Neoproterozoic black shales of South China. Lethaia, 32(2): 143–155.

Yuan X, Xiao S, Li Jun, et al. 2001. Pyritized chuarids with excystment structures from the late Neoproterozoic Lantian Formation in Anhui, South China. Precambrian Research, 107(3-4): 253–263.

区域地质勘察、探究蓝田生物群的地质背景和地层时代

2 蓝田生物群的地质背景与地层时代

蓝田生物群产于我国安徽省黄山市休宁县蓝田地区的新元古界埃迪卡拉系蓝田组二段黑色页岩之中。该地区位于华南板块扬子地台东南缘的江南分区，其构造演化史和沉积发展史是扬子地台新元古代—早古生代地质记录的典型代表，区域构造格架清晰，地层序列完整。

2.1 地质背景

中国前寒武纪构造格局主要由华南、华北和塔里木三大板块组成，其中华南古大陆基底又由扬子板块和华夏板块组成 (图2.1A)。扬子板块和华夏板块在“晋宁-四堡运动”(～850 Ma) 之后汇聚于江南造山带 (王剑, 2000; Li et al., 2002, 2003, 2008; Li et al., 2005)。新元古代早期 (850—750 Ma)，随着 Rodinia 超大陆的裂解，华南开始从超级大陆分离出来 (Li et al., 2003)。新元古代晚期的埃迪卡拉纪陡山沱期 (635—551 Ma)，扬子地台表现为西北高—东南低的古地理格局，由西北向东南方向水体逐渐加深，依次为潮缘碳酸盐岩相的内陆架、潮下带页岩-碳酸盐岩主导的陆棚内盆地/陆架泻湖、碳酸盐台地浅滩相的陆架边缘和页岩相主导的斜坡/盆地 (Jiang et al., 2011) (图2.1B)。扬子地台在新元古代晚期已经远离 Rodinia 超大陆的主体，漂移到了温暖的中、低纬度地区 (Li et al., 2008; Hoffman, 2009) (图2.1C)。

蓝田生物群位于安徽省休宁县蓝田地区，该区域的新元古代地质发展史与整个扬子地台基本一致，由下部的变质基底和上覆的沉积盖层组成。变质基底是新元古代早期的上溪群板岩，其上不整合覆盖一套稳定的、连续的海相盖层沉积，时代自新元古代中晚期至早古生代，依次为休宁组、成冰系雷公坞组、埃迪卡拉系蓝田组和皮园村组，以及寒武系荷塘组 (图2.2)。

从构造发展史来看，蓝田地区的新元古代早期主要是上溪群变质基底，新元古代中晚期的休宁组、成冰系和埃迪卡拉系地层从老到新呈近似规则的环状由外向内依次展布，显生宙寒武系荷塘组镶嵌于中心，并穿插了大量北东 (NE)、北西 (NW) 向断层和花岗闪长岩 (图2.2)。传统观点将这一构造称为“蓝田盆地”，认为它是江南古陆北边缘的下扬子海盆内部，一个残留在变质基底上的局限性的断陷盆地 (安徽省地质矿产局, 1987)。部分学者将其解释为“蓝田构造窗”，认为其可能是华南中生代碰撞造山过程中，扬子板块和华夏板块的碰撞和推覆所导致的，浅变质基底和之上的沉积盖层发生褶皱，经过剥蚀作用形成的构造窗 (许靖华, 1987; Hsü et al., 1988; 徐树桐等, 1993)；另一种观点认为该构造是隆-滑构造，称为“蓝田向斜”，认为这一构造既非构造窗，也不是传统意义的沉积盆地，而是皖南地区在古生代加里东造山运动时期，南部基底隆起、北区盖层向北滑脱时发生地堑式断陷，所残留在浅变质基底之上的向斜构造 (安徽省地质矿产局332地质队, 1996)。

近年来，我们课题组在系统研究蓝田地区新元古代至寒武纪地层序列的同时，也关注到了相邻地区的地质发展史，如安徽绩溪、黟县、石台等地，这些地区在该时段的沉积序列与蓝田地区非常类似。因此我们认为，蓝田地区不太可能是一个局限性的盆地，它与周边地区乃至整个扬子地台有着非常类似的地质发展史，至于现在看到的向斜构造不过是显生宙多次构造运动改造和叠加的结果。

2.2 地层序列

休宁县蓝田地区沿着G205国道屯黄公路段发育了一套出露完整的新元古代至寒武纪早期地层。从下到上包括：上溪群、休宁组、雷公坞组、蓝田组、皮园村组和荷塘组。这一完整的地质剖面包含的地质学信息，不但是早期多细胞宏体生物演化的见证，而且对于再现华南的地质发展史也具有广泛的代表性。

从古地理演化和沉积发展史来看，该地区自“晋宁-四堡运动”以后，台地下沉、海水入侵，逐渐形成了下

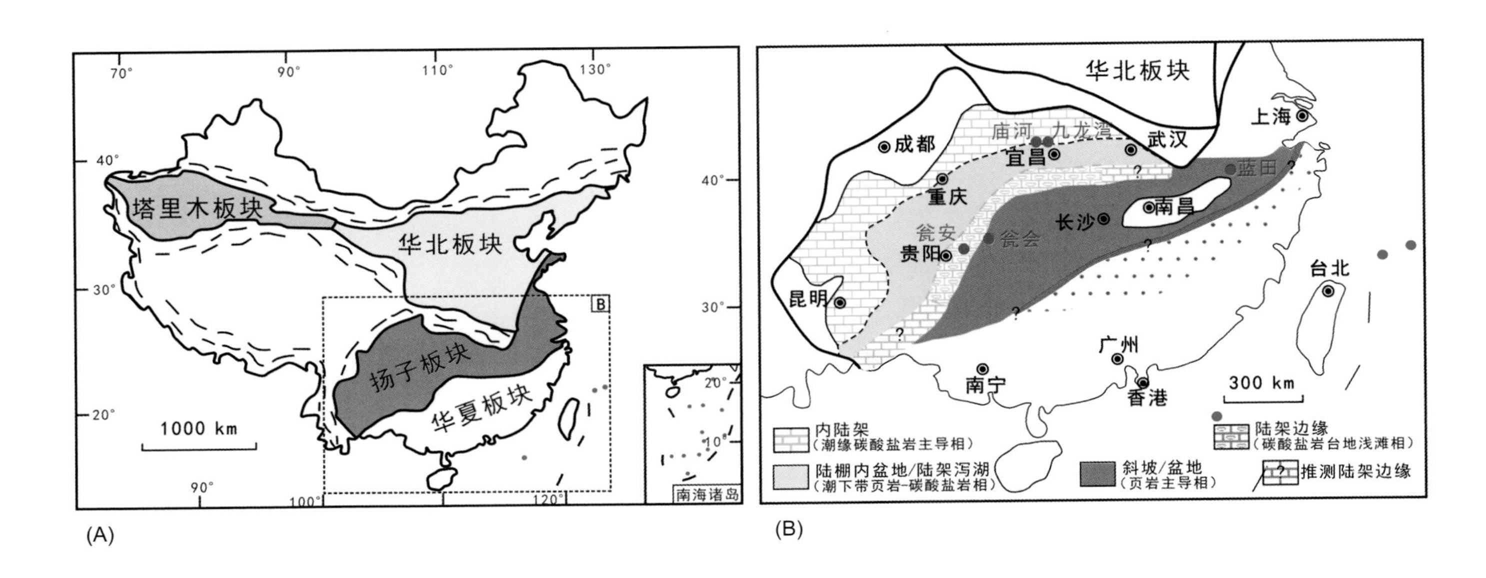

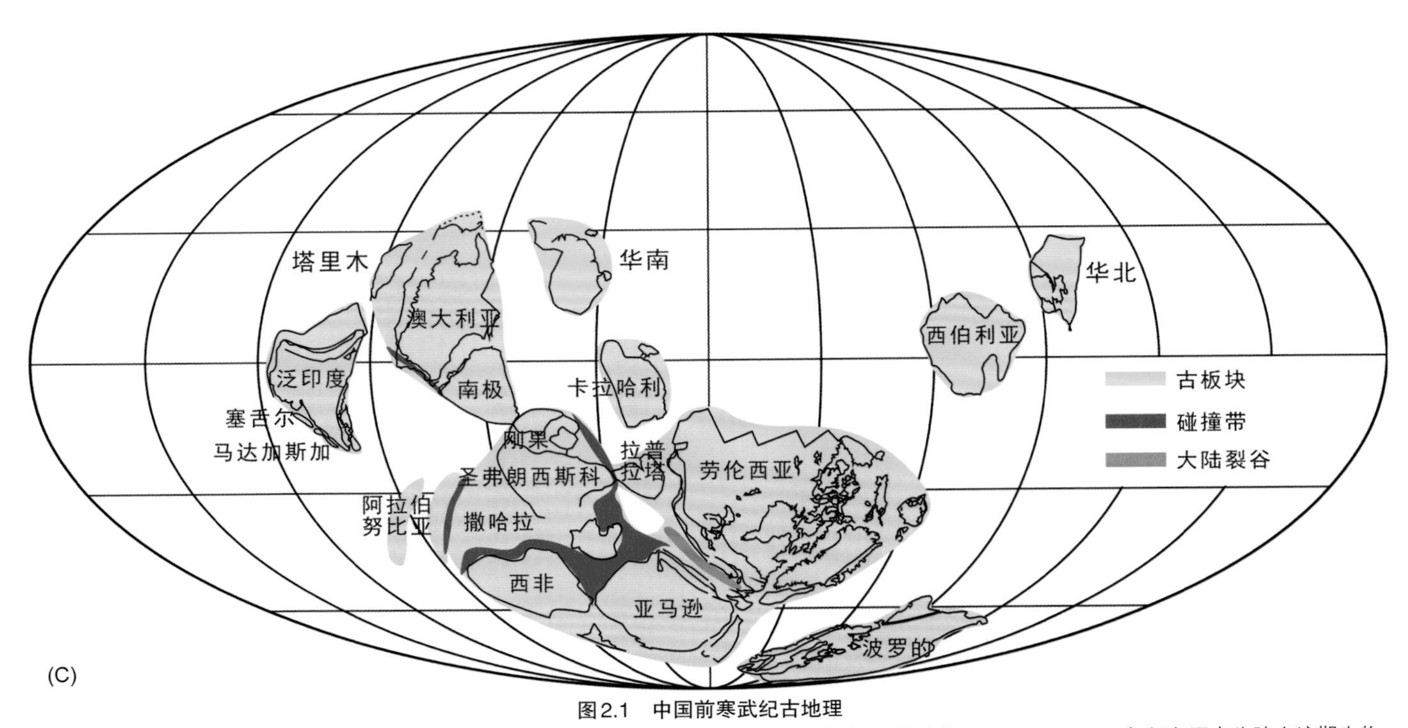

图2.1 中国前寒武纪古地理

A. 中国前寒武纪板块构造格局；B. 扬子板块埃迪卡拉纪陡山沱期（635—551 Ma）的古地理（修改自Jiang et al., 2011），红色圆点为陡山沱期生物群的位置；C. 埃迪卡拉纪早期（～600 Ma）华南在全球板块格局中的古地理位置（修改自Li et al., 2008）。

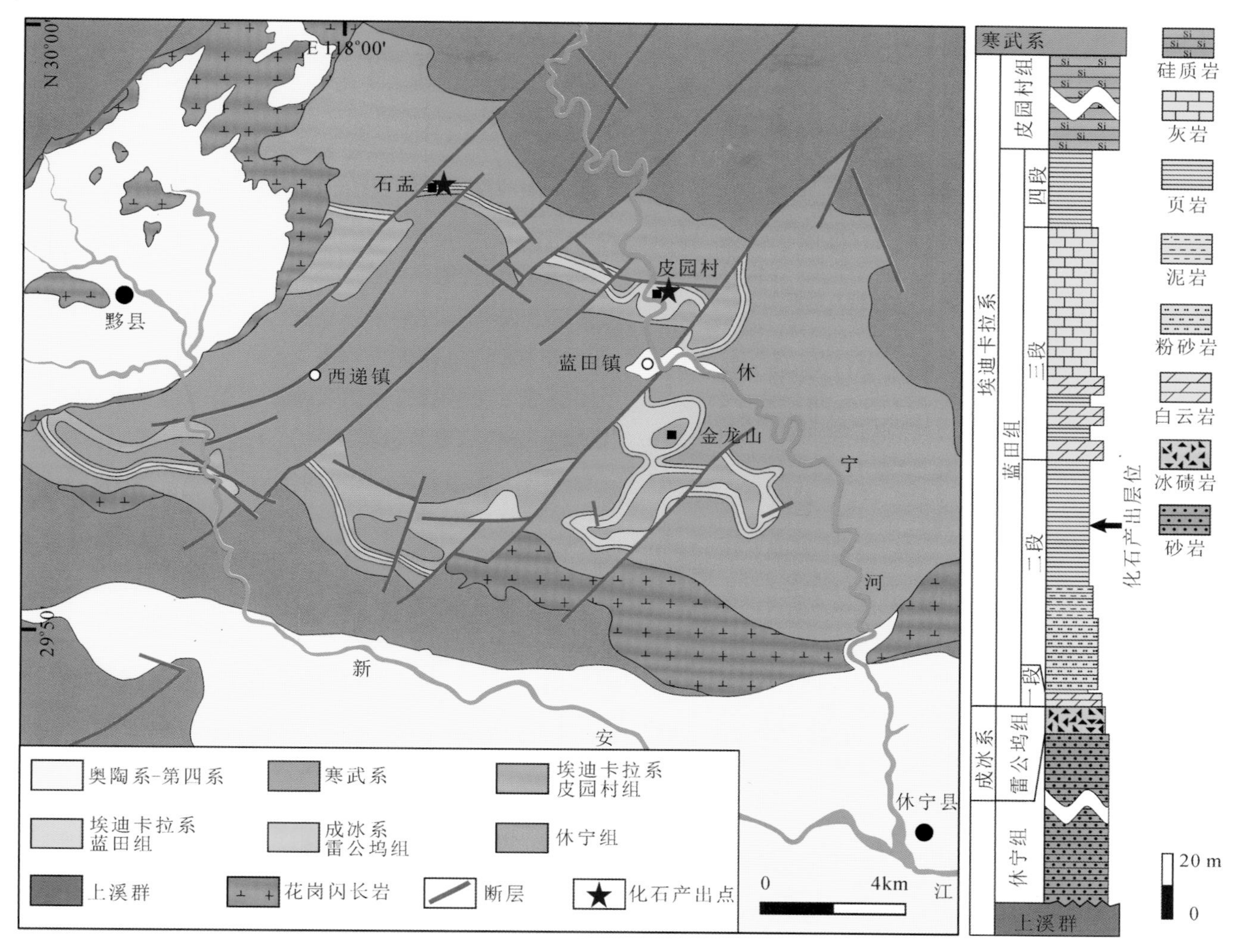

图2.2 蓝田地区的区域地质概况和地层柱状图（修改自 Wan et al., 2014）

扬子海盆。在盆地形成初期，沉降速度较快，由于邻近江南古陆，陆源碎屑供给充足，连续沉积了一套逾千米厚的砂岩，称为休宁组，最下部为底砾岩，不整合于上溪群板岩之上。紧接其后的是新元古代全球性大冰期的到来，表现为在休宁组砂岩之上发育了一套数米到数十米厚度不等的含砾砂岩和粉砂质泥岩，称为雷公坞组冰碛岩，它与休宁组呈整合接触。

伴随着大冰期事件的结束，在埃迪卡拉纪早期，冰雪消融，温暖气候回到了地球，海平面迅速上升，发生了广泛的海侵，形成了一套碳酸盐岩加碎屑岩的沉积组合，称为蓝田组。随着海侵的进一步扩大，海水逐渐变深，在埃迪卡拉纪晚期沉积了一套近百米厚的条带状硅质岩，其上部海水逐渐变浅出现了硅质条带与碎屑岩互层，称为皮园村组。

寒武纪早期，海水又有变深的趋势，连续沉积了数百米的黑色泥岩，其中含有丰富的海绵骨针和完整的海绵体化石，这套地层称为荷塘组。需要指出的是，由于这套地层与皮园村组是连续沉积，岩性上是过渡关系，根据李玉发和姜立富 (1997) 的意见，把硅质条带结束和黑色泥岩出现作为荷塘组的底部，那么皮园村组就包含了上部硅质条带和碎屑岩的过渡地层。董琳等 (2012) 对这套过渡地层中的宏体和微体化石进行了系统采集和详细研究，认为其属于前寒武纪地层，那么埃迪卡拉纪和寒武纪界线与皮园村组和荷塘组的岩石地层界线基本一致。

蓝田地区地层分布由老到新描述如下。

1. 新元古代早期上溪群

上溪群是蓝田地区新元古代沉积盖层之下的变质基底，主要由浅变质的砂岩、砂屑质千枚岩和板岩等组成，产状几近直立 (图2.3)。与其上覆的休宁组呈角度不整合接触，这一不整合面是“晋宁–四堡运动”在本区的体现，也是华南扬子地台基底形成的见证。这套地层在以往的资

料中被认为是中元古代地层，最新的研究表明其中最大沉积年龄不老于810 Ma (Cui et al., 2015)，时代应属于新元古代早期。该组迄今未发现可靠的古生物化石。

2. 新元古代早期休宁组

皖南地区休宁组以休宁县蓝田剖面为标准，厚1 000多米，与下伏上溪群呈角度不整合接触。底部为紫红色底砾岩 (图2.4)；下部主要为灰绿色、紫红色中–厚层细粒砂岩和粉砂岩；中部是灰绿、灰白、灰紫色细粒砂岩、泥质粉砂岩和泥岩；上部为灰绿、紫红色细砂岩、粉砂岩和粉砂质泥岩互层 (图2.5)。该组中迄今未发现可靠的古生物化石。

3. 成冰系雷公坞组

皖南地区冰碛岩最初由李毓尧 (1937) 命名为“蓝田冰碛层”，在后来的研究中，由于该命名和上覆蓝田组重名导致地层描述概念混乱，而且这套冰碛岩与邻区浙西广泛发育的雷公坞组冰水沉积杂砾岩相似，故改称“雷公坞组”(张启锐等, 1993)。皖南地区雷公坞组厚度变化较大，数米到数十米不等，蓝田剖面实测厚度10.8米，主要为泥质粉砂岩和青灰色块状含砾泥岩 (图2.6)。与下伏地层休宁组砂岩为过渡关系，雷公坞组的底界以砂岩中出现较多砾石为界线。

以前的研究认为，该地区存在两套冰期，分别相当于720—670 Ma的Sturtian冰期和650—635 Ma的Marinoan冰期 (周传明等, 2001; 钱迈平等, 2012)。近年来，我们对整个蓝田剖面进行了系统的露头剥离，发现以前描述的两套冰碛岩其实属于同一套岩层，只是由于植被的掩盖和断层所致。根据这一特殊情况，并结合皖南其他地区的新元古代地层剖面，我们对雷公坞组进行了系统研究，认为皖南地区仅存在一套冰碛层，其与Marinoan冰期的时代相当 (关成国等, 2012)。该组迄今未发现可靠的古生物化石。

4. 埃迪卡拉系蓝田组

蓝田组是新元古代大冰期结束之后，广泛海侵形成的一套碳酸盐岩和碎屑岩沉积组合。按照岩性自下而上可划分为四个岩性段：第一段是大冰期结束后温度快速升高沉积的一套白云岩，主要是灰色含锰白云岩和具纹层的黄褐色中薄层微晶白云岩，通常称为“盖帽碳酸盐岩”或“盖帽白云岩”(图2.7)；第二段是海水逐渐加深沉积的一套粉砂岩 (图2.8)、泥岩 (图2.9) 和页岩 (图2.10) 的碎屑岩组合，也是蓝田生物群的产出层段。第三段下部为黑色页岩与白云岩交互沉积，向上过渡到条带状灰岩 (图2.11)。第四段是黑色粉砂质泥页岩，风化呈灰白色 (图2.12)。蓝田组底部的“盖帽碳酸盐岩”与下部雷公坞组呈整合接触。该组产出蓝田生物群，也是本研究的主体。

由于后期的构造运动和风化作用以及植被的覆盖，蓝田组厚度分布不均，不同研究者测量的厚度有很大差异 (张启锐等, 1993; 周传明等, 2001; 佘心起等, 2003; 王金权, 2004; Yuan et al., 2011)。皖南休宁地区蓝田剖面是蓝田组地层出露最为连续和完好的剖面。近年来，安徽省国土资源厅、休宁县国土资源局和本课题组一起对该剖面进行了清理和保护，使该组地层沿着“屯黄公路”都能观察到。我们对植被剥离后的剖面新鲜岩层露头进行了实测 (图2.13)，蓝田剖面蓝田组厚150余米，地层自上而下描述如下：

上覆地层：埃迪卡拉系皮园村组条带状硅质岩。

——— 整　合 ———

埃迪卡拉系蓝田组：　　厚156.7 m

四段

9. 黑色粉砂质泥页岩、板岩。　　20 m

三段

8. 灰白色薄层状灰岩，风化后呈肋骨状，其中含大量黄铁矿颗粒，风化后多呈铁锈色孔洞。　　40 m

7. 灰黑色厚层状白云岩和黑色页岩互层。　　26.5 m

二段

6. 黑色页岩，风化后呈黄褐色，微细纹层极为发育，其中产出蓝田生物群。上部见两层厚约3 m、1.2 m的火成岩岩床。　　34 m

5. 灰黑色薄层状粉砂质泥岩，风化后可见灰黑色与浅灰色薄层互层，微细纹层不发育。　　8.6 m

4. 青灰色中厚层状泥质粉砂岩。下部泥岩段向上颜色逐渐变深，有机质含量增多。中间部分层段被第四系覆盖，覆盖厚度约12 m。　　23 m

3. 青灰色页岩，风化后呈棕褐色，其间夹少量薄层状细砂岩。　　0.6 m

一段

2. 厚层状含锰白云岩，新鲜面呈青灰色，风化后呈紫红色。岩石中发育较多的喀斯特溶蚀孔洞，以及方解石脉和石英脉。　　4.0 m

——— 整　合 ———

成冰系雷公坞组：　　厚10.8 m

1. 青灰色、暗灰色块状冰碛含砾泥岩、泥质粉砂

图2.3　上溪群板岩

图2.4　休宁组底部紫红色底砾岩

图2.5 休宁组中部灰绿色砂岩

图2.6 成冰系雷公坞组冰碛岩

图2.7 蓝田组底部盖帽白云岩

图2.8 蓝田组二段下部灰绿色粉砂岩

图2.9　蓝田组二段中部黑色泥岩

图2.10　蓝田组二段上部含化石黑色页岩

图2.11 蓝田组三段条带状灰岩

图2.12 蓝田组四段黑色页岩

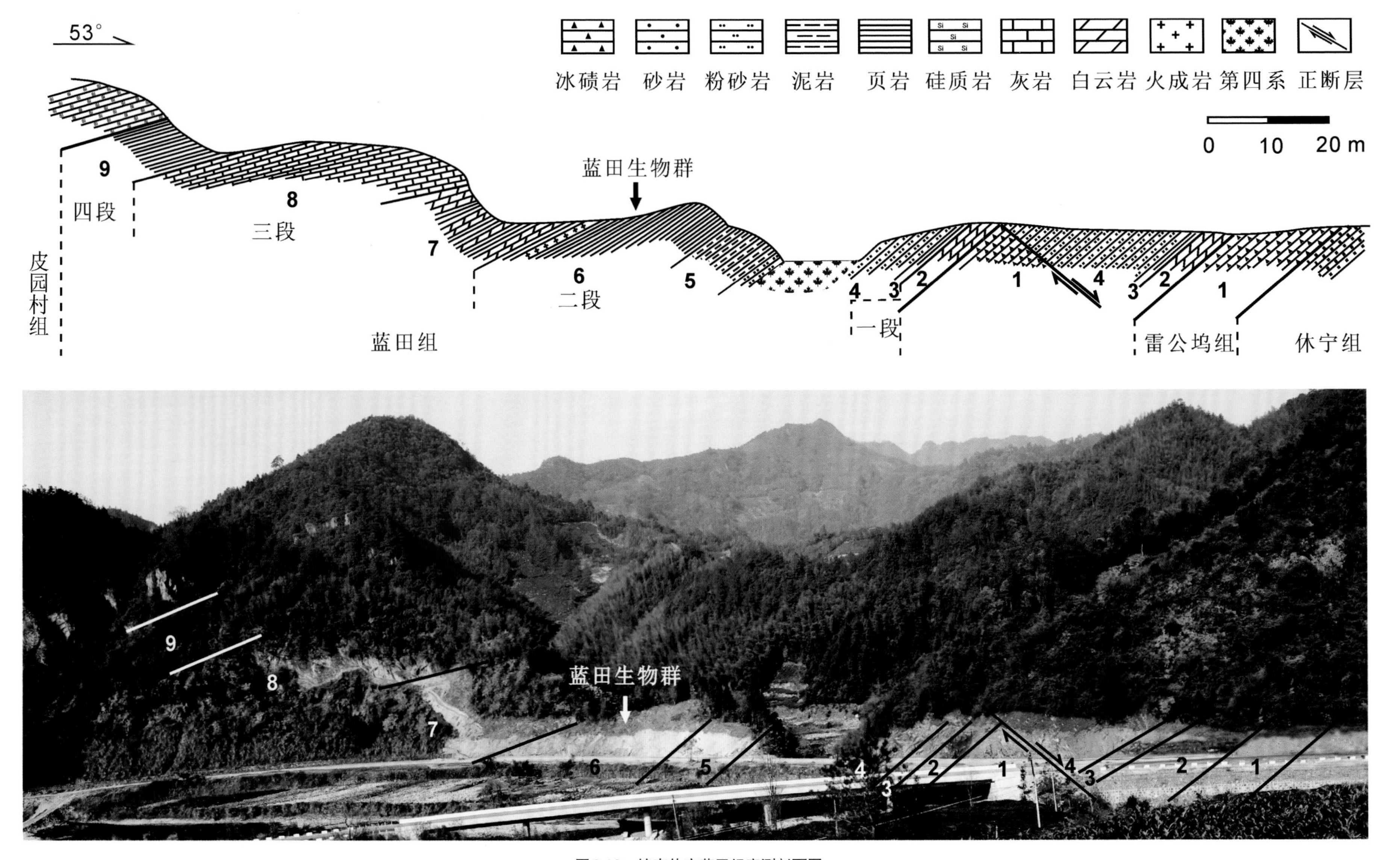

图2.13 皖南休宁蓝田组实测剖面图

岩。砾石成分主要为花岗岩及少量砂岩和泥岩。砾石多为次圆状，部分次棱角到棱角状，砾石粒径多在 2～150 mm 间，下部砾石稀少，粒径较小，向上粒径变大，含量增多。粒径较大的砾石多为花岗岩质。 10.8 m

——————— 整 合 ———————

下伏地层：休宁组 灰绿色厚层状粉砂岩。

5. 埃迪卡拉系皮园村组

皖南地区皮园村组是较深水滞留局限盆地中形成的一套近百米厚的硅质岩，上段过渡为硅质条带与碎屑岩互层（图2.14）。上段产出微体和宏体化石，如 *Horodyskia* cf. *minor*、*Palaeopascichnus* cf. *jiumenensis*、*Palaeopascichnus* sp.（图2.15），表明其时代为埃迪卡拉纪晚期（董琳等，2012）。皖南黟县、休宁一带皮园村组发育浊积岩夹层及风暴流沉积层，表明其沉积时受到多次风暴作用的影响（余心起等，2003），沉积环境可能为半深海–浅海环境，与下伏蓝田组整合接触。

6. 寒武系荷塘组

皖南地区荷塘组主要为一套灰黑色、深灰色硅质和碳质页岩（图2.16）。与下伏皮园村组整合接触。其下部的石煤层中产出丰富的海绵个体和骨针化石（图2.17），称为西递海绵动物群，是寒武纪大爆发的重要标志之一（胡杰等，2002; Yuan et al., 2002; Chen et al., 2004; Xiao et al., 2005）。

2.3 地层时代

休宁蓝田地区在新元古代属于扬子地台东南缘，地质发展史与扬子地台的其他地区基本类似，地层序列可以与湖北三峡地区进行很好的对比。蓝田地区休宁组与三峡地区莲沱组均为“晋宁–四堡运动”之后，台地快速沉降沉积的巨厚层砂岩。雷公坞组与南沱组均为大冰期事件形成的冰碛岩。蓝田组与陡山沱组均为冰期之后广泛海侵所形成的碳酸盐岩和碎屑岩组合。皮园村组硅质岩与灯影组碳酸盐岩的时代相当，只是蓝田地区水体较深，三峡地区水体较浅，两地的上覆岩层都含有代表寒武纪早期的重要化石组合（钱逸，1999; Yuan et al., 2002; Xiao et al., 2005）。

由于客观地质条件的限制，蓝田组还没有可靠的放射性同位素年龄。然而，蓝田生物群的产出时代可以通过岩石地层学、化学地层学以及事件地层学等方法与其他地区进行地层对比而获得（图2.18）。

如图2.18 A—C所示，蓝田组与三峡地区陡山沱组的岩石地层层序非常类似，可以分为三个沉积序列。第一序列由一段的“盖帽碳酸盐”和以页岩为主体的二段碎屑岩组成，第二序列为三段的碳酸盐岩沉积，第三序列为四段的页岩和之上的灯影组下部地层（Yuan et al., 2011）。

这两个地区的岩石地层序列也有着非常类似稳定碳同位素值。蓝田组和三峡地区的陡山沱组，在一段和三段都有丰富的碳酸盐岩沉积。蓝田组一段的“盖帽碳酸盐岩”具有层状裂隙等沉积结构，$\delta^{13}C$值在−5‰左右（Zhou, Xiao, 2007; Zhao et al., 2010; Yuan et al., 2011; Wang et al., 2014），它与三峡陡山沱组底部“盖帽碳酸盐岩”的$\delta^{13}C$负异常事件完全一致，该碳同位素负异常事件在全球很多地区大冰期结束后的碳酸盐岩沉积中都有表现（图2.18）。周传明和肖书海把它称为“EN1”（Zhou, Xiao., 2007），朱茂炎等称为“CANCE”（Zhu et al., 2013）。蓝田组三段的碳酸盐岩具有强烈的$\delta^{13}C$负异常特征（Zhao et al., 2010; Yuan et al., 2011; Wang et al., 2014），与三峡地区陡山沱组三段的$\delta^{13}C$负异常事件也非常类似，这一碳同位素负异常事件是地球演化史上发生的最大一次负漂移事件，其幅度超过了−10‰（Jiang et al., 2011; Wang et al., 2012）。周传明和肖书海把它称为“EN3”（Zhou, Xiao et al., 2007），朱茂炎等称为“DOUNCE”（Zhu et al., 2013）。非常有意思的是，蓝田组三段和三峡陡山沱组三段不仅碳同位素异常事件类似，它们的岩性也非常类似，均为“条带状灰岩”（图2.11），很可能表明该时期两地具有类似的沉积环境。

这样一来，蓝田地区蓝田组和三峡地区陡山沱组一段和三段的沉积序列、岩石学和稳定碳同位素的对比，就很好地限定了两地二段产出的黑色页岩具相同地质年龄。蓝田生物群产自蓝田组的二段，虽然没有直接的年龄数据，但三峡地区和其他地区却有很好的年龄限制。

三峡地区陡山沱组一段“盖帽碳酸盐岩”的底部U–Pb TIMS年龄为635.2±0.6 Ma，二段页岩的底部U–Pb TIMS年龄为632.5±0.5 Ma（Condon et al., 2005）。四段页岩底部的Re–Os年龄为591.1±5.3 Ma（Zhu et al, 2013），最顶部的U–Pb TIMS年龄为551.1±0.7 Ma（Condon et al., 2005）。由于陡山沱组二段的黑色页岩夹于一段和三段的碳酸盐岩之间，考虑到测试结果的误差，陡山沱组二段黑色页岩的最老年龄应为一段盖帽碳酸盐岩的底部最大年龄635.8（635.2+ 0.6）Ma，最上部的年龄应为三段碳酸盐岩顶部的最小年龄值，应该老于585.8

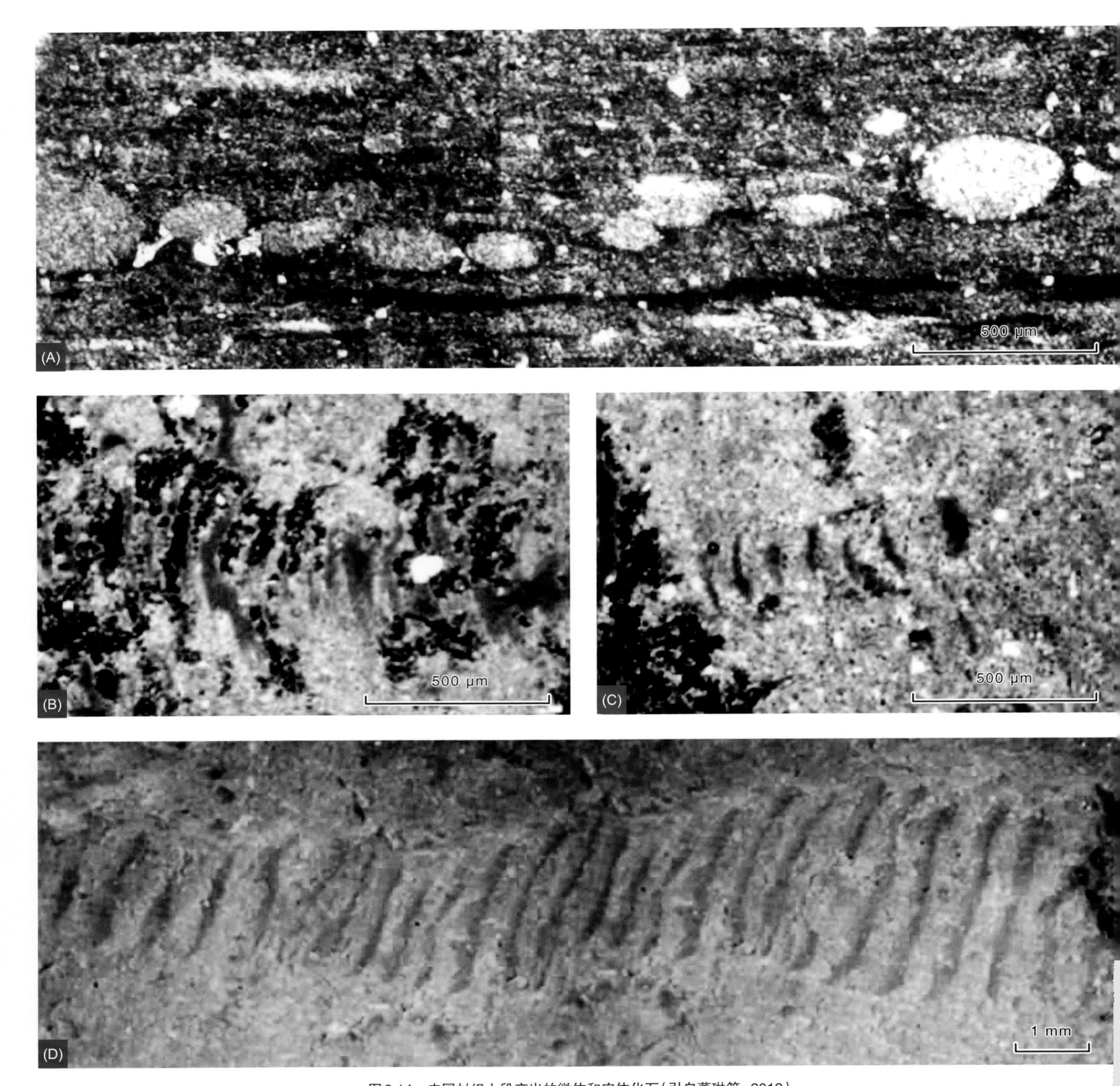

图2.14 皮园村组上段产出的微体和宏体化石（引自董琳等，2012）

A. 硅质岩中产出的*Horodyskia* cf. *minor*; B—C. 硅质岩中产出的*Palaeopascichnus* cf. *jiumenensis*; D. 粉砂岩中产出的*Palaeopascichnus* sp.。

图2.15 皮园村组硅质岩

图2.16 荷塘组黑色页岩

图2.17　荷塘组主要化石类型(引自陈哲等，2004)

A. 六射海绵(未定种)(*Heminectera* sp.)；B. 六射海绵(未定种)，保存部分约45 cm，推测完整的海绵个体可达1 m以上；C—D. *Heminectera* sp. 化石及复原；E—F. *Heminectera* sp. 化石及复原；G. 六射海绵(未定种)复原图；H. 软舌螺类；I. 遗迹化石；J. 普通海绵*Choia* sp.。

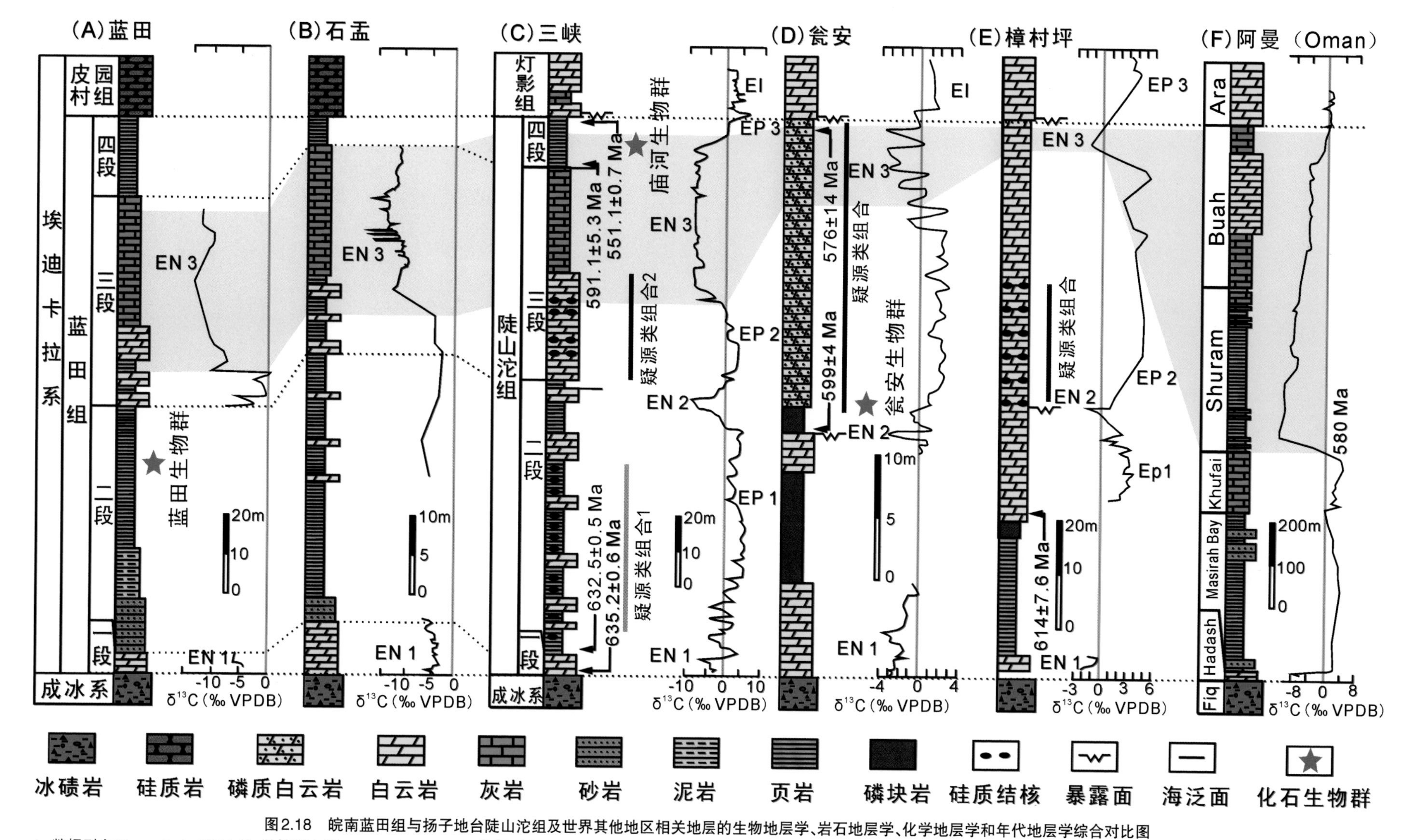

图2.18 皖南蓝田组与扬子地台陡山沱组及世界其他地区相关地层的生物地层学、岩石地层学、化学地层学和年代地层学综合对比图

A. 数据引自Yuan et al., 2011; B. 数据引自Wang et al., 2014; C. 数据引自Condon et al., 2005; Jiang et al., 2007; McFadden et al., 2009; Zhu et al., 2013; Liu et al., 2014; D. 数据引自Barfod et al., 2002; Chen et al., 2004; Zhou and Xiao, 2007; McFadden et al., 2009; E. 数据引自McFadden et al., 2009; Liu et al., 2009; Yuan et al., 2011; F. 数据引自Le Guerroué et al., 2006; Le Guerroué and Cozzi, 2010。

(591.1–5.3) Ma。

另外，在三峡剖面相邻的樟村坪地区陡山沱组二段页岩上部得到了锆石U–Pb SHRIMP年龄值为614±7.6 Ma (Liu et al., 2009) (图2.18E)。贵州瓮安地区陡山沱组中部磷块岩 (对应于三峡地区陡山沱组三段) 的全岩Pb–Pb年龄为599±4 Ma (Barfod et al., 2002) (图2.18D)。

上述这些年龄数据都表明，三峡地区陡山沱组二段黑色页岩的沉积年龄最大范围值为635.8—585.8 Ma，由此也就限定了蓝田组二段黑色页岩的年龄。

与世界其他地区进行地层对比，也能得出相似的结果。蓝田组三段 $\delta^{13}C$ 负异常事件 (EN3) 与阿曼等地的"Shuram事件" (图2.18A、B、F) 相当，结合Sr、O同位素特征认为这一事件与Gaskiers冰期相关 (Wang et al., 2012, 2014)，该冰期年代大约580 Ma (Bowring et al., 2003; Le Guerroue et al., 2006; Hoffman et al., 2009)。由此也表明蓝田组三段碳酸盐岩年龄大致在580Ma前后。

综上所述，蓝田组二段黑色页岩年龄值的可靠范围应为635—580 Ma，蓝田生物群产自蓝田组二段，因此这也是该生物群的年龄范围。

参考文献

安徽省地质矿产局. 1987. 安徽省区域地质志. 北京：地质出版社, 1–721.

安徽省地质矿产局332地质队. 1996. 1∶5万蓝田幅，休宁幅，屯溪幅区域地质调查报告.

陈哲，胡杰，周传明，等. 2004.皖南早寒武世荷塘组海绵动物群. 科学通报, 49(14): 1399–1402.

董琳，宋伟明，肖书海，等. 2012. 皖南地区埃迪卡拉系皮园村组微体和宏体化石——兼论埃迪卡拉纪–寒武纪界线. 地层学杂志，36(3): 600–610.

关成国，万斌，陈哲，等. 2012. 皖南新元古代冰期地层研究. 地层学杂志, 36(3): 611–619.

胡杰，陈哲，薛耀松，等. 2002. 皖南早寒武世荷塘组海绵骨针化石. 微体古生物学报, 19(1): 53–62.

李玉发，姜立富. 1997. 安徽省岩石地层. 武汉：中国地质大学出版社, 31–52, 126–165.

李毓尧，许杰. 1937. 蓝田古冰碛层. 中国地质学会志，17(3–4): 303–368.

钱迈平，张宗言，姜杨，等. 2012. 中国东南部新元古代冰碛岩地层. 地层学杂志，36(3): 587–599.

钱逸. 1999. 中国小壳化石分类学与生物地层学. 北京：科学出版社，27–31.

王剑. 2000. 华南新元古代裂谷盆地演化：兼论与Rodinia解体的关系. 北京：地质出版社, 1–146.

王金权. 2004. 皖南震旦系蓝田组沉积岩有积碳同位素记录. 古生物学报, 43(3): 424–432.

徐树桐，孙枢，李继亮，等. 1993. 蓝田构造窗. 地质科学，28(2): 105–115.

许靖华. 1987. 中国南方大地构造的几个问题. 地质科技情报，2: 13–27.

余心起，舒良树，邓平，等. 2003. 皖南晚震旦世中、浅海沉积环境——以滑塌砾岩层、硅质风暴岩为例证. 沉积学报，21(3): 398–403.

张启锐，刘鸿允，陈孟莪，等. 1993. 皖南震旦系冰期地层的再认识. 地层学杂志, 17(3): 186–193.

周传明，燕夔，胡杰，等. 2001. 皖南新元古代两次冰期事件. 地层学杂志, 25(4): 247–252, 258.

Barfod G H, Albaréde F, Knoll A H, et al. 2002. New Lu-Hf and Pb-Pb age constraints on the earliest animal fossils. Earth and Planetary Science Letters, 201(1): 203–212.

Bowring S, Myrow P, Landing E, et al. 2003. Geochronological constraints on terminal Neoproterozoic events and the rise of Metazoan. Geophysics Research Abstracts, 5:13219.

Chen D, Dong W, Zhu B, et al. 2004. Pb-Pb ages of Neoproterozoic Doushantuo phosphorites in South China: constraints on early metazoan evolution and glaciation events. Precambrian Research, 132(1-2): 123–132.

Condon D, Zhu M, Bowring S, et al. 2005. U-Pb ages from the Neoproterozoic Doushantuo Formation, China. Science, 308: 95–98.

Cui X, Zhu W, Fitzsimons I C W, et al. 2015. U–Pb age and Hf isotope composition of detrital zircons from Neoproterozoic sedimentary units in southern Anhui Province, South China: Implications for the provenance, tectonic evolution and glacial history of the eastern Jiangnan Orogen. Precambrian Research, 271: 65–82.

Hoffman P F, Li Z. 2009. A palaeogeography context for Neoproterozoic glaciation. Palaeogeography Palaeoclimatology Palaeoecology, 277(3-4): 158–172.

Hsü K J, Sun S, Li J , et al. 1988. Mesozoic overthrust tectonics in south China. Geology, 16(5): 418–421.

Jiang G, Kaufman A J, Christie-Blick N, et al. 2007. Carbon isotope variability across the Ediacaran Yangtze platform in South China: Implications for a large surface-to-deep ocean $\delta^{13}C$ gradient. Earth and Planetary Science Letters, 261(1-2): 303–320.

Jiang G, Shi X, Zhang S, et al. 2011. Stratigraphy and paleogeography of the Ediacaran Doushantuo Formation (ca. 635-551 Ma) in South China. Gondwana Research, 19(4):

831–849.

Le Guerroue E, Allen P A, Cozzi A, et al. 2006. 50 Myr recovery from the largest negative $\delta^{13}C$ excursion in the Ediacaran ocean. Terra Nova, 18(2): 147–153.

Le Guerroue E, Cozzi A. 2010. Veracity of Neoproterozoic negative C-isotope values: The termination of the Shuram negative excursion. Gondwana Research, 17(4): 653–661.

Li W, Li X, Li Z. 2005. Neoproterozoic bimodal magmatism in the Cathaysia Block of South China and its tectonic significance. Precambrian Research, 136(1): 51–66.

Li Z, Bogdanova S V, Collins A S, et al. 2008. Assembly, configuration, and break-up history of Rodinia: a synthesis. Precambrian Research, 160(1): 179–210.

Li Z, Li X, Kinny P D , et al. 2003. Geochronology of Neoproterozoic syn-rift magmatism in the Yangtze Craton, South China and correlations with other continents: Evidence for a mantle superplume that broke up Rodinia. Precambrian Research, 122(1-4): 85–109.

Li Z, Li X, Zhou H, et al. 2002. Grenville-aged continental collision in South China: new SHRIMP U-Pb zircon results and implications for Rodinia configuration. Geology, 30(2): 163–166.

Liu P, Xiao S, Yin C, et al. 2014. Ediacaran acanthomorphic acritarchs and other microfossils from chert nodules of the upper Doushantuo Formation in the Yangtze Gorges area, South China. Journal of Paleontology, 88(72): 1–139.

Liu P, Yin C, Gao L, et al. 2009. New material of microfossils from the Ediacaran Doushantuo Formation in the Zhangcunping area, Yichang, Hubei Province and its zircon SHRIMP U-Pb age. Chinese Science Bulletin, 54(6): 1058–1064.

McFadden K A, Xiao S, Zhou C, et al. 2009. Quantitative evaluation of the biostratigraphic distribution of acanthomorphic acritarchs in the Ediacaran Doushantuo Formation in the Yangtze Gorges area, South China. Precambrian Research, 173(1-4): 170–190.

Wang W, Zhou C, Guan C, et al. 2014. An integrated carbon, oxygen, and strontium isotopic studies of the Lantian Formation in South China with implications for the Shuram anomaly. Chemical Geology, 373: 10–26.

Wang W, Zhou C, Yuan X, et al. 2012. A pronounced negative $\delta^{13}C$ excursion in an Ediacaran succession of western Yangtze Platform: a possible equivalent to the Shuram event and its implication for chemostratigraphic correlation in South China. Gondwana Research, 22(3-4): 1091–1101.

Xiao S, Hu J, Yuan X, et al. 2005. Articulated sponges from the Lower Cambrian Hetang Formation in southern Anhui, South China: their age and implications for the early evolution of sponges. Palaeogeography Palaeoclimatology Palaeoecology, 220(1-2): 89–117.

Yuan X, Chen Z, Xiao S, et al. 2011. An early Ediacaran assemblage of macroscopic and morphologically differentiated eukaryotes. Nature, 470: 390–393.

Yuan X, Xiao S, Parsley R L, et al. 2002. Towering sponges in an Early Cambrian Lagerstätte: Disparity between non-bilaterian and bilaterian epifaunal tiers during the Neoproterozoic-Cambrian transition. Geology, 30(4): 363–366.

Zhao Y, Zheng Y. 2010. Stable isotope evidence for involvement of deglacial meltwater in Ediacaran carbonates in South China. Chemical Geology, 271(1-2): 86–100.

Zhou C, Xiao S. 2007. Ediacaran $\delta^{13}C$ chemostratigraphy of South China. Chemical Geology, 237(1-2): 89–108.

Zhu B, Becker H, Jiang S, et al. 2013. Re-Os geochronology of black shales from the Neoproterozoic Doushantuo Formation, Yangtze platform, South China. Precambrian Research, 225: 67–76.

Zhu M, Lu M, Zhang J, et al. 2013. Carbon isotope chemostratigraphy and sedimentary facies evolution of the Ediacaran Doushantuo Formation in western Hubei, South China. Precambrian Research, 254: 7–61.

逐层采集化石，进行化石生物学研究

3 蓝田生物群的化石生物学

蓝田生物群化石主要以碳质压膜形式保存 (Yuan et al., 1999, 2011)。前寒武纪的碳质压膜化石与矿化标本在保存上存在很大的区别，压膜化石由于变质、碳化和压实作用，一些微细结构如细胞、组织就很难保存下来，而硅化和磷酸盐化标本则保存了这些微细结构 (Zhang et al., 1992; Xiao et al, 1998; Hagadorn et al., 2006; Yin et al., 2007; Chen et al., 2014)。碳质压膜化石也有保存上的优势，特别是宏体多细胞生物化石，它们的整体形态就比较容易保存下来，如蓝田生物群和庙河生物群中的很多标本外形都很完整 (丁莲芳等, 1996; Yuan et al., 1999, 2011; Xiao et al., 2002)。前寒武纪大部分宏体多细胞生物不具有生物矿化的骨骼，硅化和磷酸盐化等矿化过程很难完整地保留体型较大的、软躯体的多细胞生物化石，一些形态较为完整的矿化标本通常也仅限于微体化石，如陡山沱组中的硅化和磷酸盐化的疑源类以及蓝菌化石等。瓮安生物群中的一些藻类化石、微体管状化石和动物胚胎状化石保存完整，也属于多细胞生物，但体型都较小。

蓝田生物群中的绝大部分化石都属于多细胞生物化石，它们体型较大，虽然没有微细结构保存，但形态特征明显，它们可以作为系统分类的依据。一些形态比较复杂的藻类和动物化石，可以与现生门类进行类比，但是不能确切地归入某一特定的门类。

蓝田生物群中的部分化石形态也受到了后期埋藏作用的影响，生物在死亡和埋藏过程中会降解、压实、重叠、褶皱、卷曲或破损，后期构造运动对岩层产生的应力也会对化石产生一定的变形作用。以往研究中被认为是同物异名的属种很多就是这些埋藏偏差所致 (Yuan et al., 1999)。因此，本研究中的分类依据必须是建立在观察了大量标本之上的、可重复出现的，并具有统计学规律的化石形态学证据。

本研究中的系统描述严格按照国际植物命名法规 (ICBN) 和国际动物命名法规 (ICZN) 进行。

蓝田生物群化石系统古生物学工作最先由陈孟莪等 (1994) 完成，之后 Yuan等 (1999) 进行了适当的修订和补充。在此之前，邢裕盛等 (1985, 1989)、毕治国等 (1988) 和阎永奎等 (1992) 也做过详细的工作，但是在建立新属种时均未指明模式标本，依据国际植物命名法则 (ICBN)，这些命名被认为是无效的。德国古生物学家 Steiner (1994) 认为陈孟莪等 (1994) 虽然指定了模式标本，但未说明模式标本的存放地点，严格按照国际植物命名法规来说也是无效的，因此 Steiner (1994) 对陈孟莪等命名的化石进行了重新命名，并指定了不同的模式标本。Yuan等 (1999) 认为虽然陈孟莪等 (1994) 的工作存在些许不严谨的地方，但文章中关于化石的描述和讨论都符合规范，模式标本也在文后图版中标明并展示，并且他也询问过陈孟莪本人关于原始模式标本的存储状况，得到了满意的答复。因此，Yuan等 (1999) 基本采用了陈孟莪等 (1994) 的分类方案。本研究的化石系统分类建立在陈孟莪等 (1994) 和 Yuan 等 (1999) 的论文基础之上，对新发现的化石进行系统描述，依据最新观察到的特征，对部分老化石属种进行修订。文中描述的标本全部存放于中国科学院南京地质古生物研究所。

通过详细的化石生物学研究，蓝田生物群中已经发现了24种宏体化石 (表3.1)。这些不同类型的化石是具明显的形态分异的宏体多细胞真核生物，可以按照生物属性划分为宏体藻类、后生动物和疑难化石三大类群。其中5种类型暂以未定种描述，4种类型暂以未命名类型描述。

3.1 宏体藻类

安徽藻属　Genus *Anhuiphyton* Chen, Lu and Xiao, 1994, emend. Yuan, Li and Cao, 1999

模式种　线状安徽藻 *Anhuiphyton lineatum* Chen, Lu and Xiao,1994, emend. Yuan, Li and Cao, 1999

属征　椭圆形或圆形的碳质压膜，藻体由众多不分叉的丝状体规则排列、并向中心聚集形成，丝状体分节，末端浑圆 (Yuan et al., 1999)。

表 3.1　本文描述的蓝田生物群化石

类型	学　　名	中　文　名　称	生　物　属　性
1	*Anhuiphyton lineatum*	线状安徽藻	宏体藻类
2	*Chuaria* sp.1	丘尔藻未定种1	宏体藻类
3	*Chuaria* sp.2	丘尔藻未定种2	宏体藻类
4	*Chuaria* sp.3	丘尔藻未定种3	宏体藻类
5	*Doushantuophyton lineare*	线状陡山沱藻	宏体藻类
6	*Doushantuophyton rigidulum*	坚实陡山沱藻	宏体藻类
7	*Doushantuophyton cometa*	帚状陡山沱藻	宏体藻类
8	*Enteromorphites siniansis*	中华拟浒苔	宏体藻类
9	*Flabellophyton lantianensis*	蓝田扇形藻	宏体藻类
10	*Flabellophyton* sp.1	扇形藻未定种1	宏体藻类
11	*Flabellophyton* sp.2	扇形藻未定种2	宏体藻类
12	*Grypania spiralis*	盘旋卷曲藻	宏体藻类
13	*Huangshanophyton fluticulosum*	多枝黄山藻	宏体藻类
14	*Marpolia spissa*	穗状玛波利亚藻	宏体藻类
15	*Lantianella laevis*	光滑蓝田虫	后生动物
16	*Lantianella annularis*	环纹蓝田虫	后生动物
17	*Piyuania cyathiformis*	杯状皮园虫	后生动物
18	*Qianchuania fusiformis*	梭状前川虫	后生动物
19	*Xiuningella rara*	稀少休宁虫	后生动物
20	*Orbisiana linearis*	线状奥尔贝串环	疑难化石
21	Unnamed Form A	未命名类型A	疑难化石
22	Unnamed Form B	未命名类型B	疑难化石
23	Unnamed FormC	未命名类型C	疑难化石
24	Unnamed Form D	未命名类型D	疑难化石

线状安徽藻　*Anhuiphyton lineatum* Chen, Lu and Xiao, 1994, emend. Yuan, Li and Cao, 1999

(图3.1—图3.4)

由众多丝状体组成的圆形或椭圆形藻体，边缘规则，绝大多数标本大小为 (15～25) mm× (25～50) mm，少数标本可达50 mm×120 mm。大多数标本丝状体由中间向边缘放射状展布，中间稀疏，边缘密集。少数侧压标本表现为丝状由基部向上大角度发散的扇形，底部可见明显的固着器。原始形态应为密集丛状，大多数圆形或椭圆形标本为顶压标本，丝状体汇聚于中间的固着器，而少数发散状标本为侧压标本。丝状体数量数百至千余根不等，直径均一，0.1～0.3 mm；直或微弯，具二歧分叉现象，末端浑圆。

丘尔藻属　Genus *Chuaria* Walcott, 1899, emend. Vidal and Ford, 1985

模式种　圆形丘尔藻　*Chuaria cricularis* Walcott, 1899, emend. Vidal and Ford, 1985

属征　具有耐酸蚀的、牢固的、单层壁的球状小膜壳，压扁后具有圆形或者近圆形轮廓，表面光滑或褶皱 (Vidal and Ford, 1985) 。

图3.1 线状安徽藻（*Anhuiphyton lineatum*）顶压标本1

图3.2 线状安徽藻（*Anhuiphyton lineatum*）顶压标本2

图3.3　线状安徽藻（*Anhuiphyton lineatum*）侧压标本1

图3.4　线状安徽藻（*Anhuiphyton lineatum*）侧压标本2

丘尔藻未定种1 *Chuaria* sp.1
(图3.5—图3.7)
圆形或者椭圆形的盘状碳质压膜，直径变化较大，0.5～3.0 mm，大多集中于1～2 mm。碳质降解收缩成颗粒状，均匀分布于化石体中，表面未发现同心环状的褶皱。数量众多，既有均匀分布也有密集分布的现象，

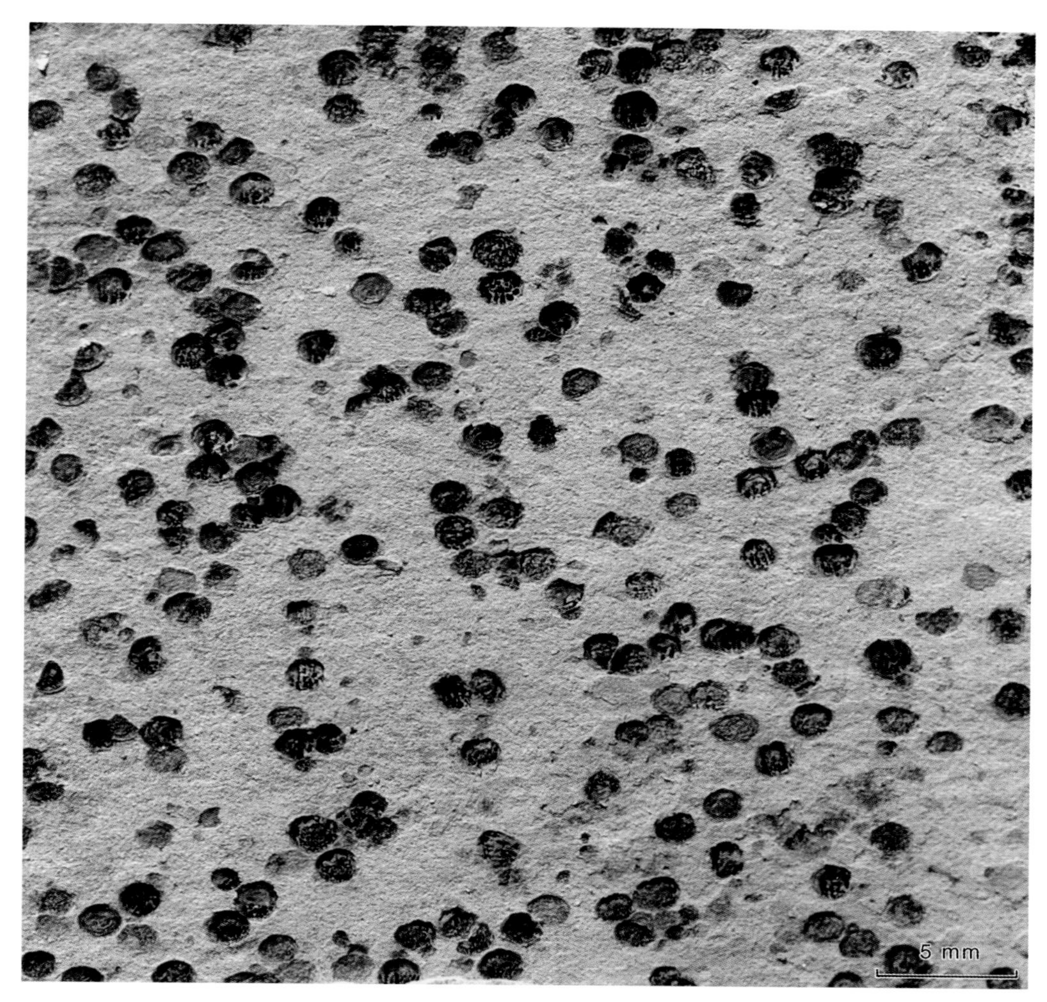

图3.5 丘尔藻未定种1（*Chuaria* sp.1）碳质压膜保存标本1
示意在层面上均匀分布。

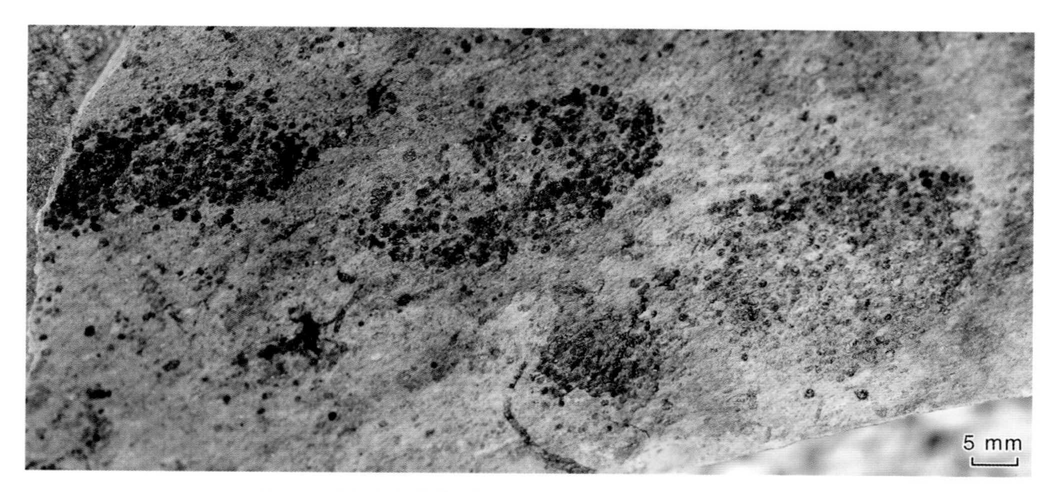

图3.6 丘尔藻未定种1（*Chuaria* sp.1）碳质压膜保存标本2
示意在层面上集群分布。

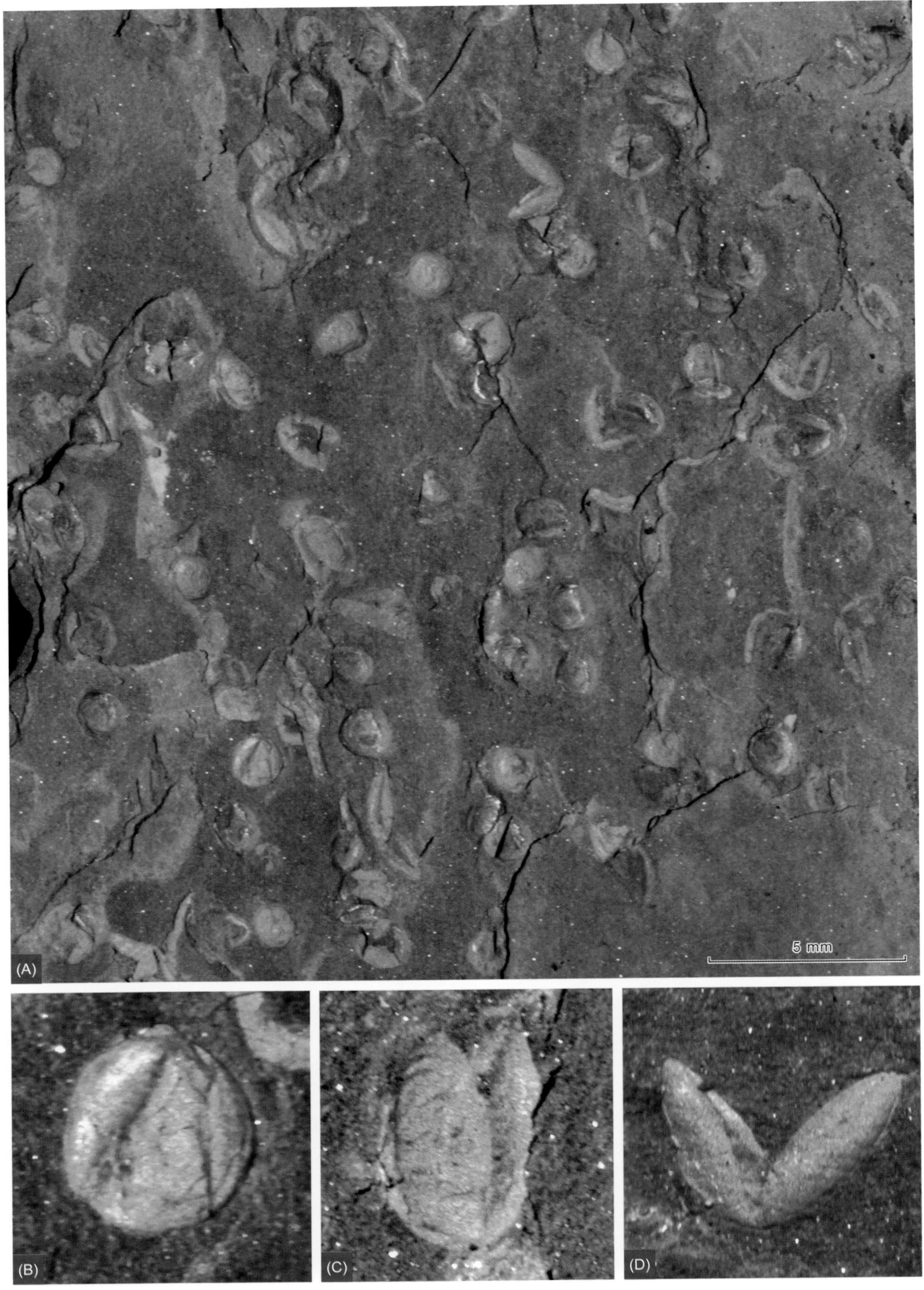

图3.7　丘尔藻未定种1（*Chuaria* sp.1）黄铁矿化立体保存标本
B—D为A中的局部放大，示意不同形态的个体。

100 mm × 100 mm可达500个个体（图3.5），有的零星或者集群产出（图3.6），一般在同一层面上化石的大小都比较一致。有些层段产出黄铁矿化三维立体球状-扁球状保存的化石（图3.7A），部分个体从中间裂开（图3.7B），或呈现出两个等大的纺锤体（图3.7C），扁球形的、开裂的、相连的或者单独的纺锤状均可以在同一层面混合产出，形态变化连续（图3.7）。黄铁矿化保存的部分标本，最外部被一层片柱状的黏土矿物所包裹，外层有一圈完整的相对致密的草莓状黄铁矿层，向中心黄铁矿密度减小，可以观察到一个明显的界线（Yuan et al., 2001），*Chuaria* sp.2内部也含有草莓状黄铁矿，结构与上述类似（图3.8）。这类化石彼此之间一般没有明显的叠覆现象，但几乎可以叠覆在其他所有固着底栖的生物化石之上。

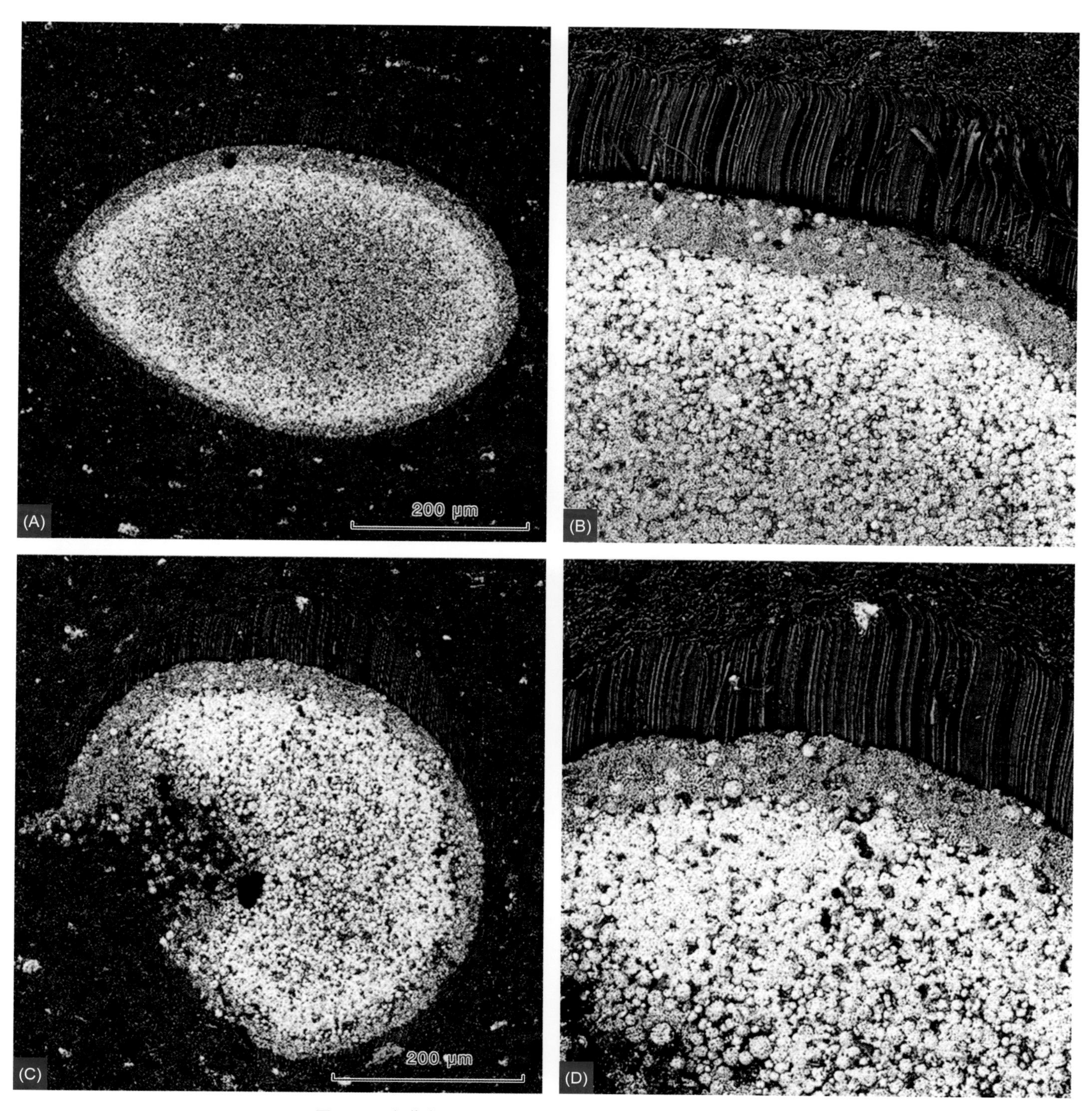

图3.8　丘尔藻未定种2（*Chuaria* sp.2）黄铁矿化立体保存标本
B是A的局部放大，D是C的局部放大，示意明显的分层结构。

丘尔藻未定种2　*Chuaria* sp.2

(图3.8—图3.10)

碳质压膜形式保存的圆点状化石，圆形或者椭圆形(图3.9)，直径0.2～0.5 mm。碳质降解收缩呈颗粒状，表面未见褶皱等结构。一般密集产出于同一层面上，100 mm × 100 mm范围内超过1 000个个体，均匀分布，未见重叠现象。黄铁矿化保存的标本，最外部被一层片柱状的黏土矿物所包裹，外层为完整的相对致密的草莓状黄铁矿层，向中心黄铁矿密度减小(图3.8)。

这类化石一般密集产于同一层面上，个体直径大小一致，与直径稍大的*Chuaria* sp.1存在着较为明显的区别，并且没有连续过渡的现象(图3.9，图3.10)，因此可以用直径的大小划分为丘尔藻未定种2 (*Chuaria* sp.2)。

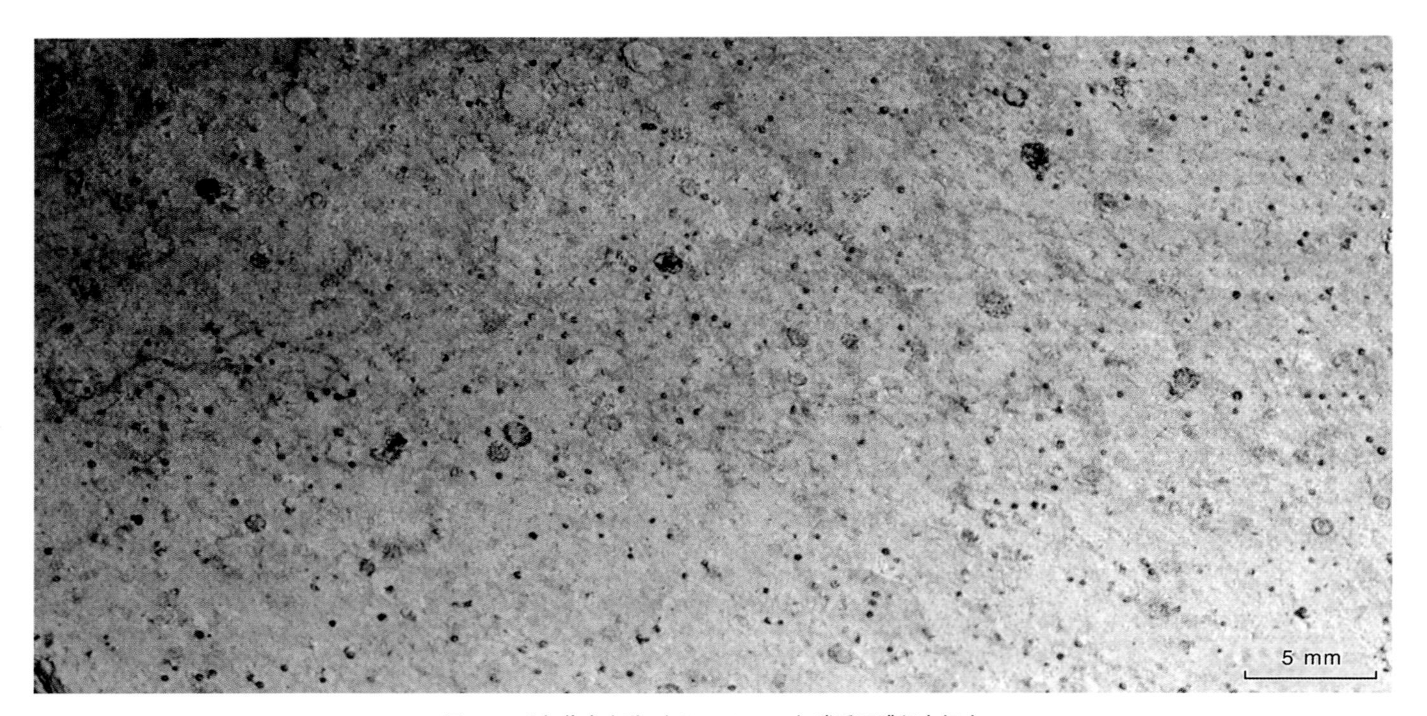

图3.9　丘尔藻未定种2(*Chuaria* sp.2)碳质压膜保存标本

示意在层面上均匀分布。

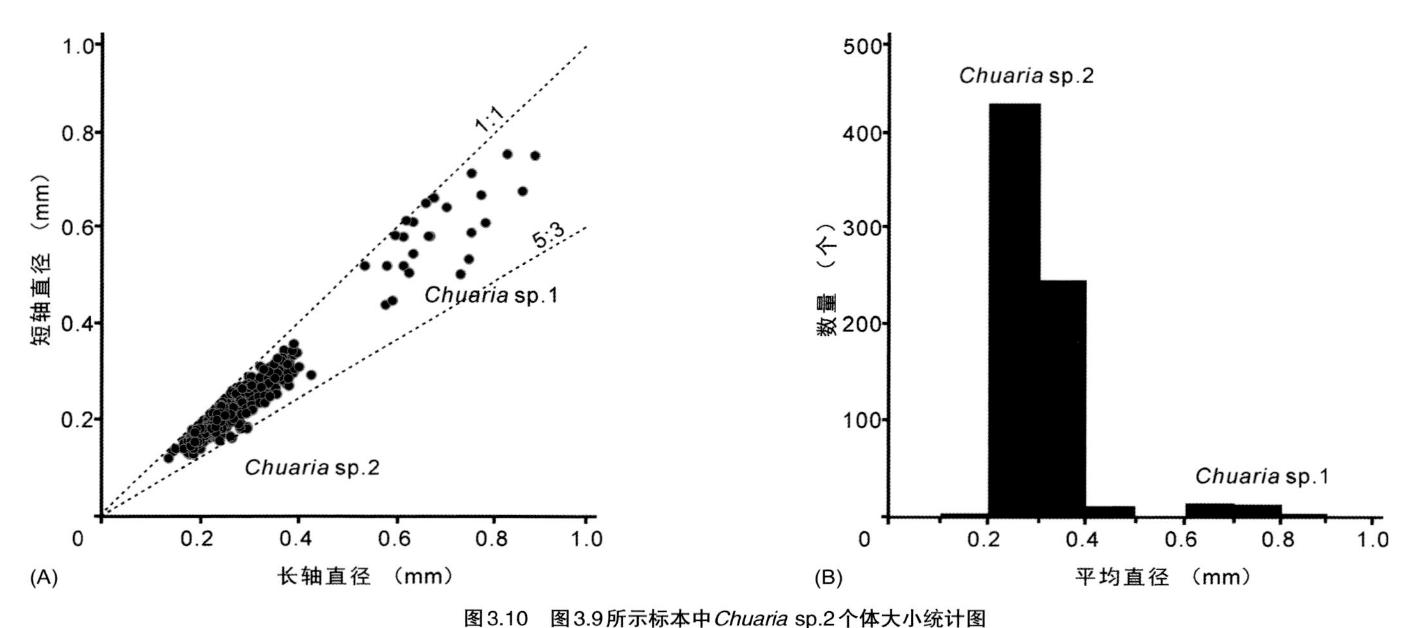

图3.10　图3.9所示标本中*Chuaria* sp.2个体大小统计图

A. 直径分布散点图；B. 直径分布柱状图，指示*Chuaria* sp.1和*Chuaria* sp.2具有明显的直径差异。

丘尔藻未定种3 *Chuaria* sp.3 (图3.11)

与*Chuaria* sp.1和*Chuaria* sp.2相似的圆盘状碳质压膜，只是直径较大，3～5 mm，并且零星产出，与*Chuaria* sp.2通常出现在同一层面。

这类标本与*Chuaria* sp.1较为相似，区别在于其直径较大 (3～5 mm) 且零星分布。与同层面的*Chuaria* sp.1相比，直径明显偏大。这类化石的直径分布范围与典型的*C. cricularis*相符，但表面没有同心环状的褶皱，因此依据直径大小定为*Chuaria* sp.3。

陡山沱藻属 Genus *Doushantuophyton* Steiner, 1994

模式种 线状陡山沱藻 *Doushantuophyton lineare* Steiner, 1994, emend. Xiao, Yuan, Steiner and Knoll, 2002。

属征 藻体为丝状体，具有二歧式分枝或假单轴式分枝，藻枝体宽0.04～0.20 mm (Steiner, 1994)。

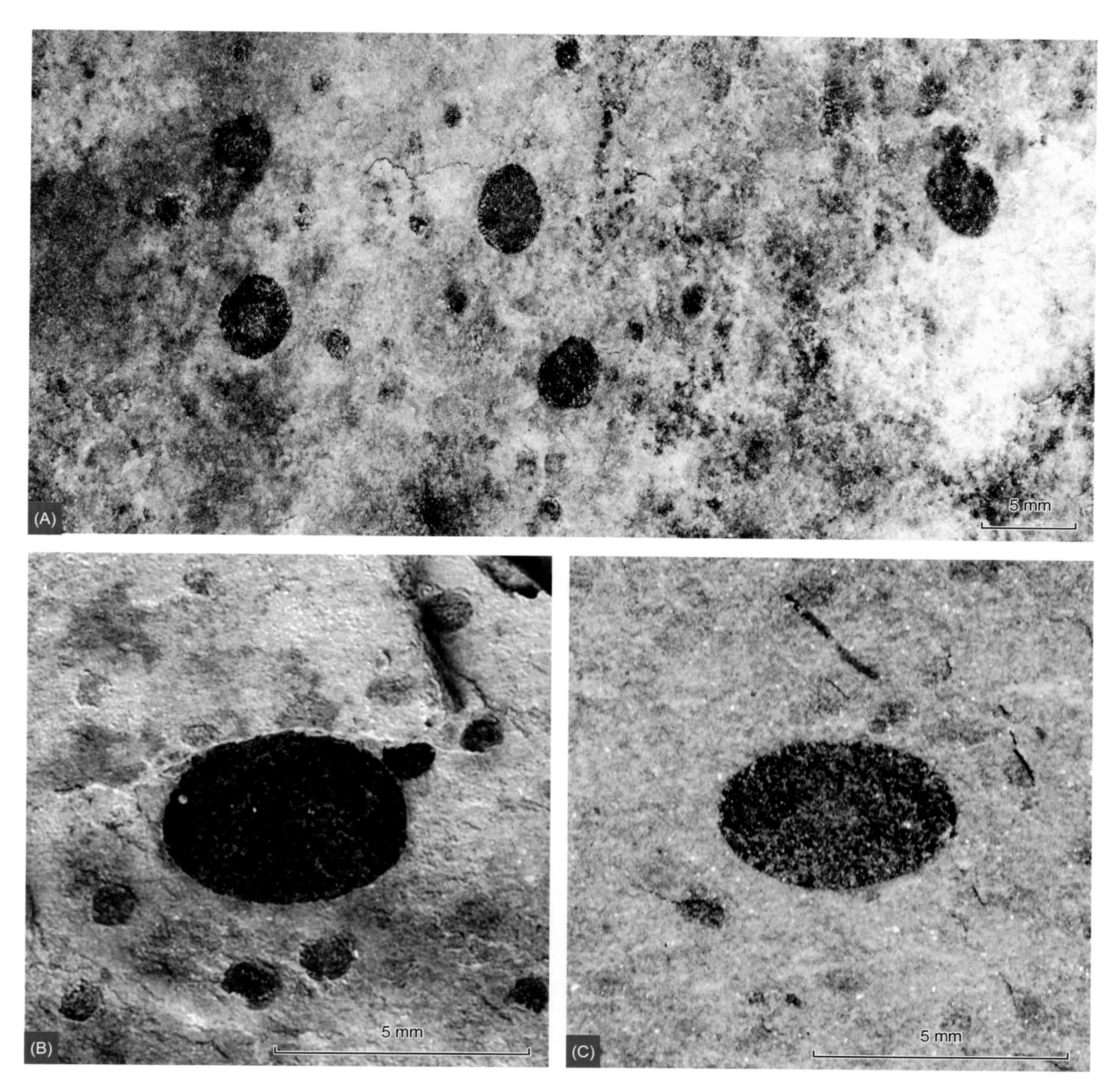

图3.11 丘尔藻未定种3(*Chuaria* sp.3) 碳质压膜保存标本
A、B、C 为3个不同标本。

线状陡山沱藻 ***Doushantuophyton lineare*** **Steiner, 1994, emend. Xiao, Yuan, Steiner and Knoll, 2002**

(图3.12)

彼此分散的，二歧分叉的丝状体组成的丝状藻体，高5～20 mm。基部未见固着器，最底部仅由一根枝体向上发散；枝体直或微弯，宽度均匀或向上略微变细，宽0.05～0.20 mm；枝体呈等二歧式分枝，分枝间距较为一致，1～3 mm，分枝角度5～50度，分枝次数3～10次；枝体末节较短，逐渐变细。

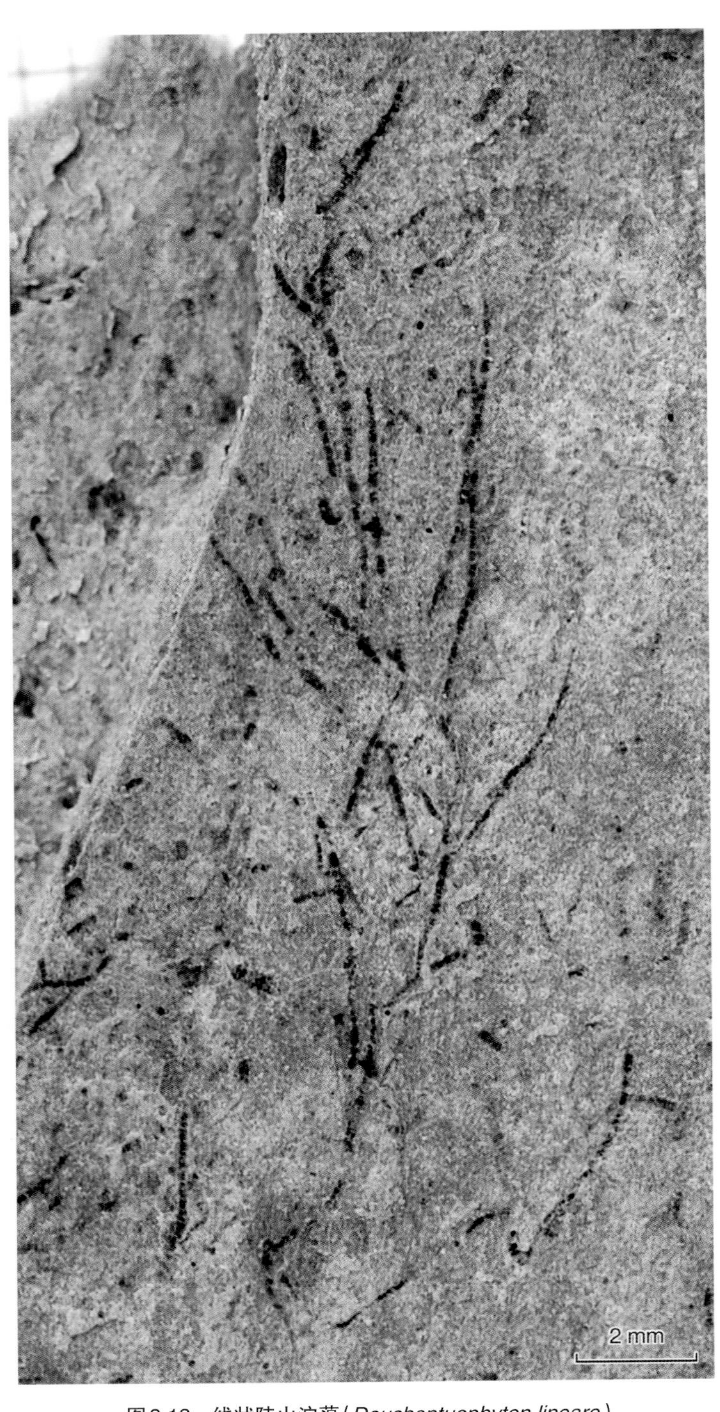

图3.12 线状陡山沱藻（*Doushantuophyton lineare*）

帚状陡山沱藻 ***Doushantuophyton cometa*** **Yuan, Li and Cao, 1999**

(图3.13—图3.15)

不规则二歧分叉的丝状体组成的密集丛状藻体，高10～25 mm。基部可见固着器，向上连接多根分枝；枝体直或弯曲，宽度均一或从基部向上略微变细，0.1～0.2 mm；枝体呈二歧式分叉，分枝间距自下而上逐级变短，间距0.5～2.5 mm，顶部丝状体密集，分枝角度不等，分枝次数3～10次；枝体末节较短，顶端浑圆或平直。

图3.13　帚状陡山沱藻（*Doushantuophyton cometa*）侧压标本1

图3.14　帚状陡山沱藻（*Doushantuophyton cometa*）侧压标本2

图3.15　帚状陡山沱藻（*Doushantuophyton cometa*）顶压标本1

坚实陡山沱藻　***Doushantuophyton rigidulum* Chen, Lu and Xiao, 1994**

(图3.16,图3.17)

等二歧分叉的丝状体组成的丝状藻体,高15～45 mm。基部未见固着器,仅由一根丝体向上发散;枝体坚挺,直或末端微弯,丝体直径均一,约0.1 mm;枝体呈标准的等二歧式分枝,分枝间距较为一致,1～5 mm,分枝角度一般5～15度,最大可达25度,分枝次数3～5次,分枝主要集中于下部;枝体末节较长,顶端浑圆或逐渐变细尖灭。

拟浒苔属　**Genus *Enteromorphites* Zhu and Chen, 1984, emend. Xiao, Yuan, Steiner and Knoll, 2002**

模式种　中华拟浒苔 *Enteromorphites siniansis* Zhu and Chen, 1984, emend. Xiao, Yuan, Steiner and Knoll, 2002

属征　二歧分叉的丝状体组成的厘米级的藻体。丝状体原始形态为圆柱状,分叉最多可达6次分叉,较完整的标本保存有固着器。丝状体均匀或向顶端略微变细,宽0.3～0.8 mm,表面光滑 (Xiao et al., 2002)。

图3.16　坚实陡山沱藻(*Doushantuophyton rigidulum*)标本1

图3.17　坚实陡山沱藻(*Doushantuophyton rigidulum*)标本2

中华拟浒苔 *Enteromorphites siniansis* Zhu and Chen, 1984, emend. Xiao, Yuan, Steiner and Knoll, 2002

(图3.18，图3.19)

规则二歧分叉的丝状体组成的稀疏丛状藻体，高15～30 mm。丝状体宽0.3～0.8 mm，呈带状，均匀连续，表面光滑，直或微弯；丝状体具有规则的二歧分叉，分叉次数最多可达6次，分叉间距自下而上逐渐增大，2～10 mm；底部未见固着器。

图3.18 中华拟浒苔（*Enteromorphites siniansis*）标本1

图3.19 中华拟浒苔（*Enteromorphites siniansis*）标本2

扇形藻属 Genus *Flabellophyton* Chen, Lu and Xiao, 1994

模式种 蓝田扇形藻 *Flabellophyton lantianensis* Chen, Lu and Xiao, 1994

属征 扇形藻体，由多列丝状体紧密排列组成，丝状体具似横隔板 (陈孟莪等, 1994a)。

蓝田扇形藻 *Flabellophyton lantianensis* Chen, Lu and Xiao, 1994

(图3.20—图3.23)

扇状碳质压膜化石，长15～60 mm不等，发散角12～35度，叶状体表面可见纵向紧密排列的丝状体，丝状体不分叉，宽0.1～0.25 mm。叶状体一般比较规则，少数发生弯曲，无折叠现象。顶部边缘规则、明显，平直或者圆滑并向上突起。底部具有固着器，固着器一般为圆盘状，部分为弥散的碳质团块。

根据大量标本的形态分析，并结合化石原地保存的生态学特征，认为*F. lantianensis* 叶状体是由紧密排列的丝状体组成，顶端较为平直，原始形态很可能是中空的圆锥状藻体 (图3.23)。

图3.20 蓝田扇形藻 (*Flabellophyton lantianensis*) 标本1

图3.21 蓝田扇形藻 (*Flabellophyton lantianensis*) 标本2

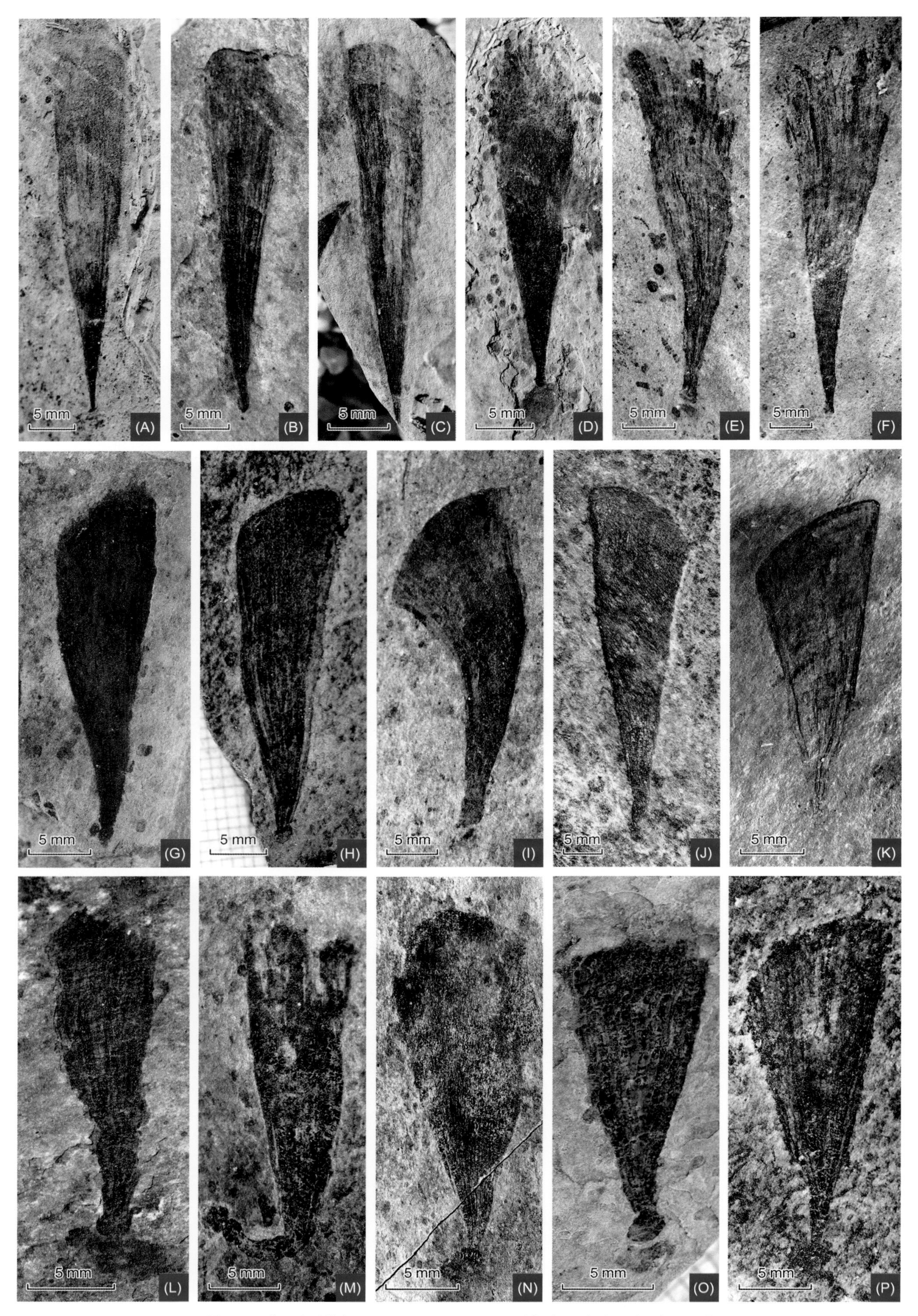

图3.22　蓝田扇形藻（*Flabellophyton lantianensis*）标本3—标本18（图中A—P）

图3.23 蓝田扇形藻（*Flabellophyton lantianensis*）原始形态和生态复原图

扇形藻未定种1 *Flabellophyton* sp.1

(图3.24—图3.27)

碳质压膜形式保存，可分为下部的固着器和上部的叶状体。固着器一般呈球形，直径1～3 mm，保存完好的底部可见一个乳突状突起，有些固着器周边弥散有碳质团块；上部的叶状体与 *F. lantianensis* 相似，由紧密排列的丝状体组成，丝状体较细且不分叉。自固着器向上呈小角度发散，发散角5～12度，上部宽度基本不变，整体呈棒状。叶状体比较挺直，少弯曲，没有折叠现象。

这类化石与*F. lantianensis*存在较为明显的形态差异，主要为发散角较小，呈棒状，且在同一群落内形态稳定 (Wan et al., 2013)。结合这些形态学和生态学特征，本书将这类化石从 *F. lantianensis* 分离出来，暂以 *Flabellophyton* sp.1 进行描述。与上同，根据大量标本的形态分析，可以恢复其原始形态为丝状体紧密排列所组成的棒状藻体 (图3.27)。

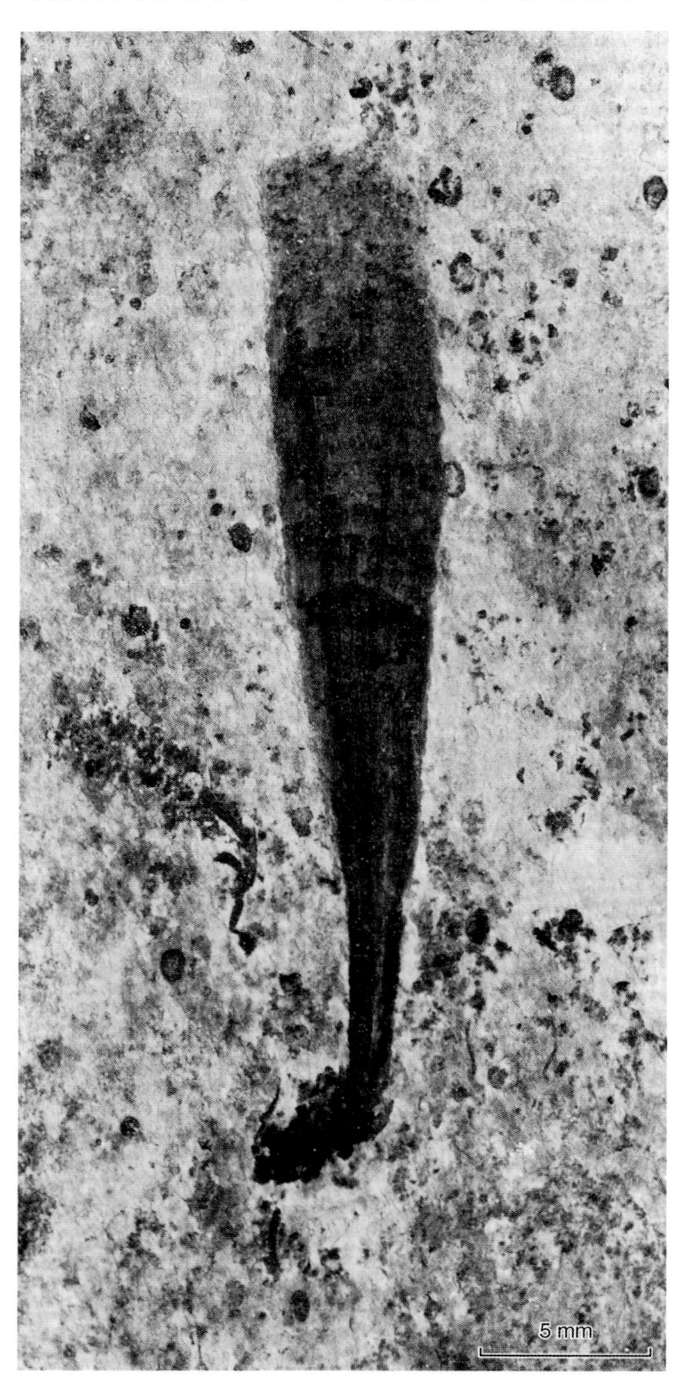

图3.24 扇形藻未定种1 (*Flabellophyton* sp.1) 标本1

图3.25 扇形藻未定种1 (*Flabellophyton* sp.1) 标本2

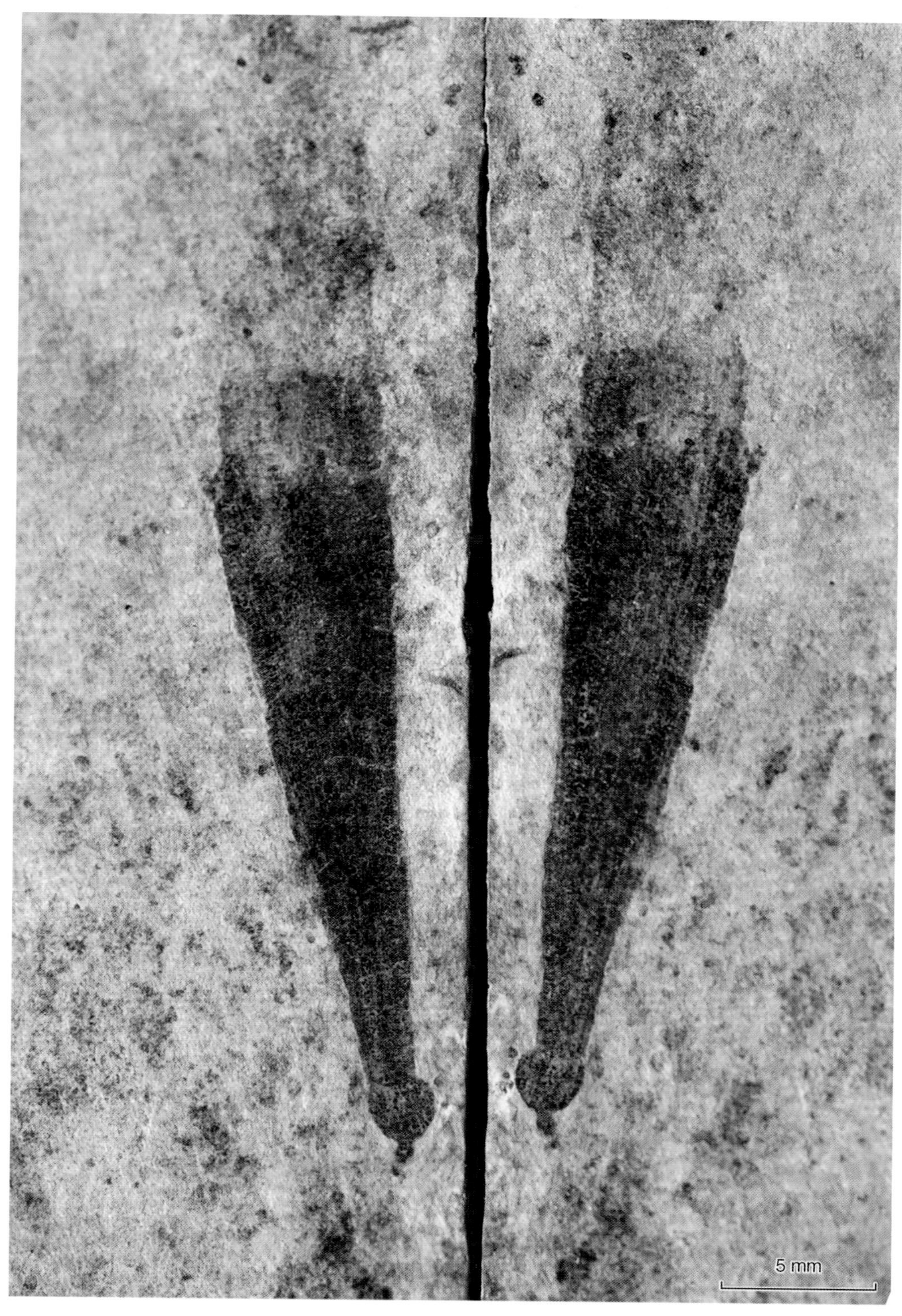

图3.26 扇形藻未定种1（*Flabellophyton* sp.1）标本3

图3.27 扇形藻未定种1（*Flabellophyton* sp.1）原始形态和生态复原图

扇形藻未定种2　*Flabellophyton* sp.2

(图3.28—图3.31)

整体形态与 *F. lantianensis* 相似，但叶状体向上呈大角度发散，发散角35～60度，顶端一般比较平直，整体呈杯状或碗状。

这类化石的总体形态与 *F. lantianensis* 和 *F.* sp.1 相似，但叶状体向上呈大角度发散。与上同，根据大量标本的形态分析，可以恢复*Flabellophyton* sp.2 为丝状体紧密排列所组成的杯状藻体 (图3.31)。

图3.28　扇形藻未定种2（*Flabellophyton* sp.2）标本1

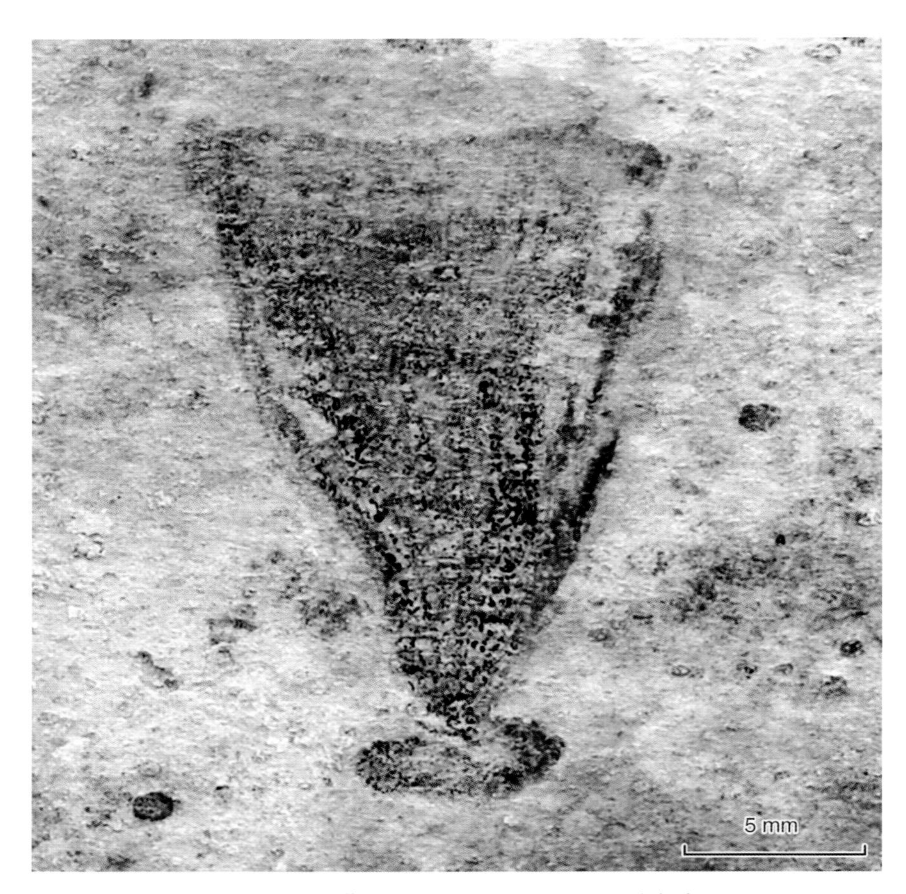

图3.29 扇形藻未定种2（*Flabellophyton* sp.2）标本2

图3.30 扇形藻未定种2（*Flabellophyton* sp.2）标本3

图3.31 扇形藻未定种2（*Flabellophyton* sp.2）原始形态和生态复原图

卷曲藻属　Genus *Grypania* Walter, Oehler and Oehler, 1976

模式种　盘旋卷曲藻　*Grypania spiralis* (Walcott) emend. Walter, Oehler and Oehler, 1976.

属征　不分枝的、带状的碳质膜所形成的卷曲状的完整个体或者片段，保存于岩石层面上，带宽最大可达1 mm (Walter, et al., 1976)。

盘旋卷曲藻　*Grypania spiralis* (Walcott) emend. Walter, Oehler and Oehler, 1976

(图3.32—图3.34)

不分枝的丝状体组成的卷曲状碳质压膜化石，总体外形为椭圆形或螺旋状，少数标本散开后呈波浪形的丝状体。藻丝体宽度均一，直径0.10～0.25 mm，单个圆或椭圆形环直径1.5～3.0 mm。

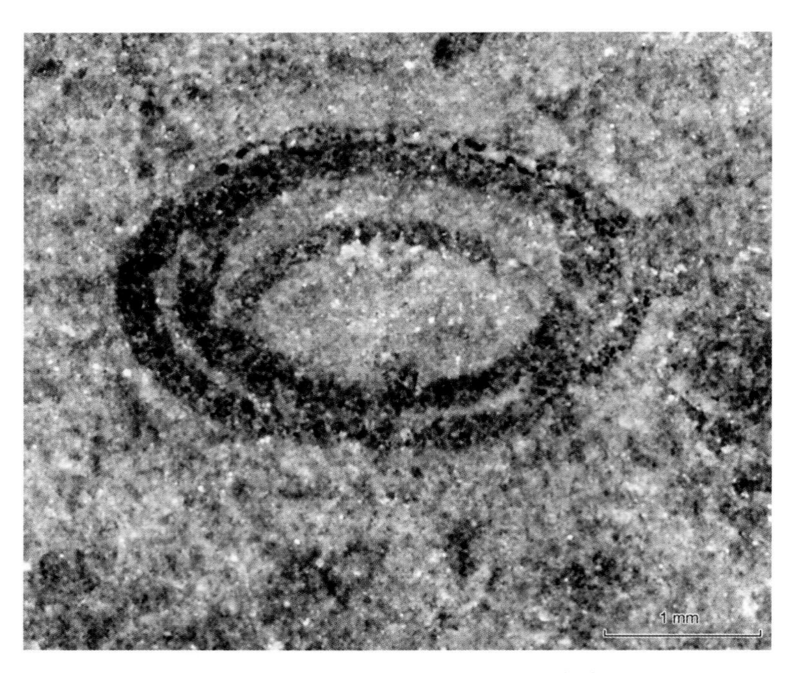

图3.32　盘旋卷曲藻（*Grypania spiralis*）标本1

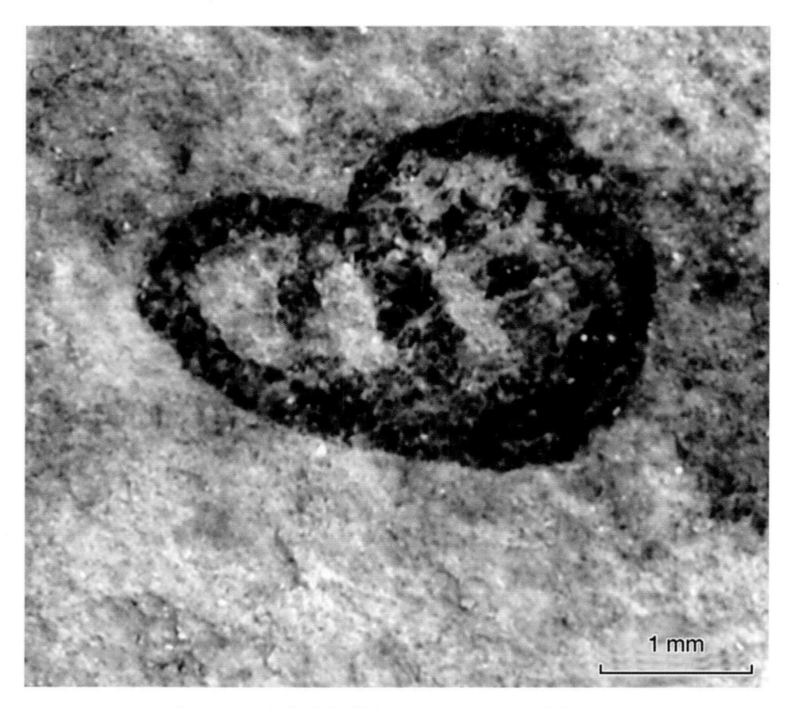

图3.33　盘旋卷曲藻（*Grypania spiralis*）标本2

图3.34 盘旋卷曲藻（*Grypania spiralis*）标本3

黄山藻属 Genus *Huangshanophyton* Chen, Lu and Xiao, 1994

模式种 多枝黄山藻 *Huangshanophyton fluticulosum* Chen, Lu and Xiao, 1994

属征 藻体灌丛状，多枝，上部未见分枝，排列杂乱无序，枝上有似横隔板 (陈孟莪等，1994)。

多枝黄山藻 *Huangshanophyton fluticulosum* Chen, Lu and Xiao, 1994

(图3.35—图3.37)

由多根不分枝丝状体组成的丛状藻体，高10~20 mm；丝状体连续，直或微弯，不分叉，20～50根，宽度均一，0.1～0.3 mm；底部未见固着器，下部聚集，上部发散呈扇状，但丝状体彼此分离。

图3.35 多枝黄山藻（*Huangshanophyton fluticulosum*）标本1

图3.36　多枝黄山藻（*Huangshanophyton fluticulosum*）标本2

图3.37　多枝黄山藻（*Huangshanophyton fluticulosum*）标本3

玛波利亚藻属 Genus *Marpolia* Walcott, 1919

模式种 穗状玛波利亚藻 *Marpolia spissa* Walcott, 1919

穗状玛波利亚藻 *Marpolia spissa* Walcott, 1919

(图3.38,图3.39)

由多个呈穗状的藻丝聚合体组成的丛状藻体。完整藻体由5～20个穗状集合体组成,穗状体可见分叉。单个穗状集合体由10～20根丝状体组成,单根丝状藻体直径为0.5～1.0 mm,丝状体不规则二歧分叉。整个藻体的穗状体汇聚于中间的固着器,末端呈发散的丝状,直径可达70 mm。

*Marpolia spissa*是寒武纪常见的一类宏体藻类化石,如,在寒武纪布尔吉斯页岩生物群 (Briggs, 1994) 和我国凯里生物群 (杨瑞东等, 2001a, 2001b, 2006; 赵元龙, 2011) 都有报道。蓝田生物群与凯里生物群中的玛波利亚藻相比,个体更大,穗状体更多。

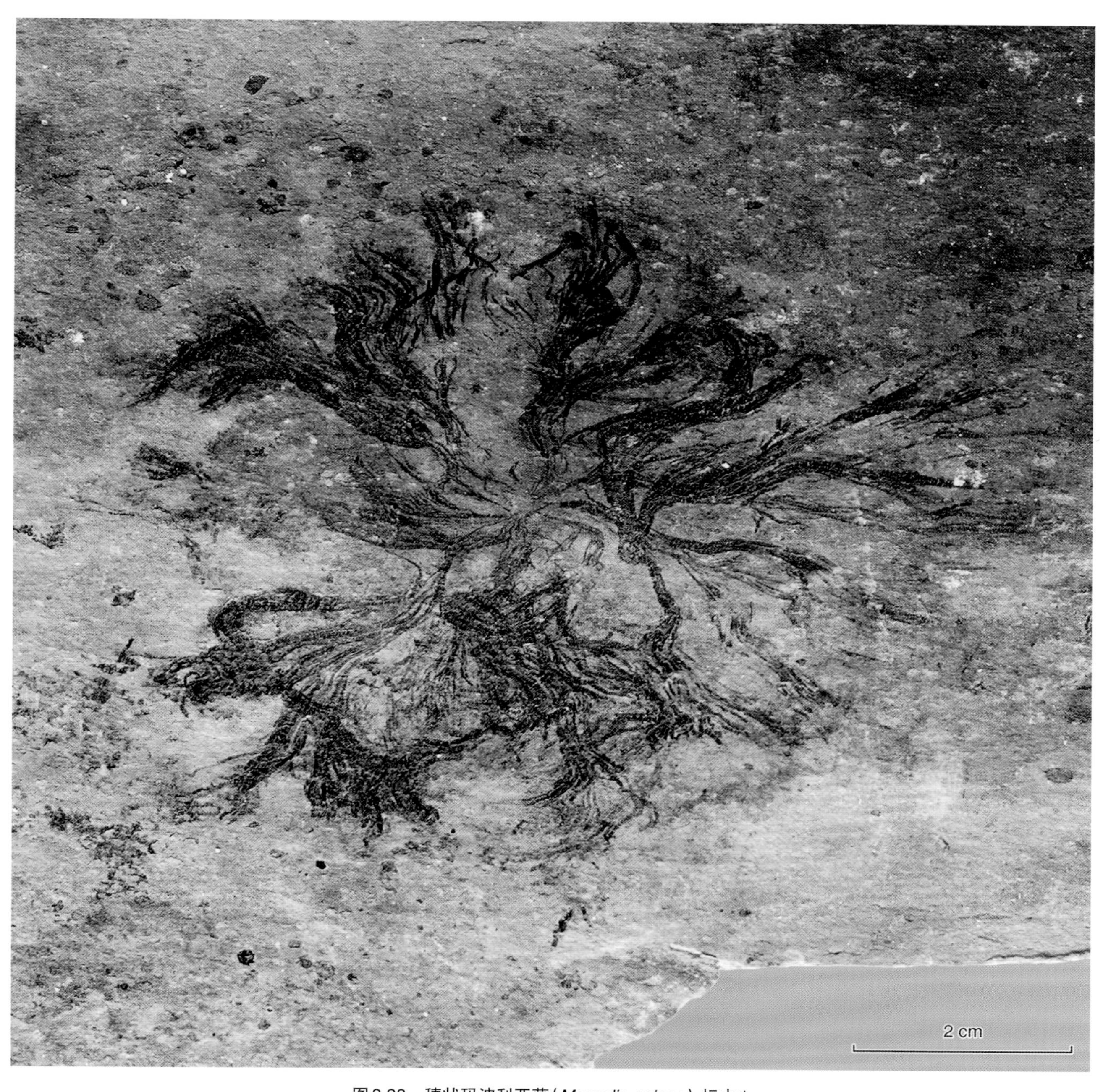

图3.38 穗状玛波利亚藻(*Marpolia spissa*)标本1

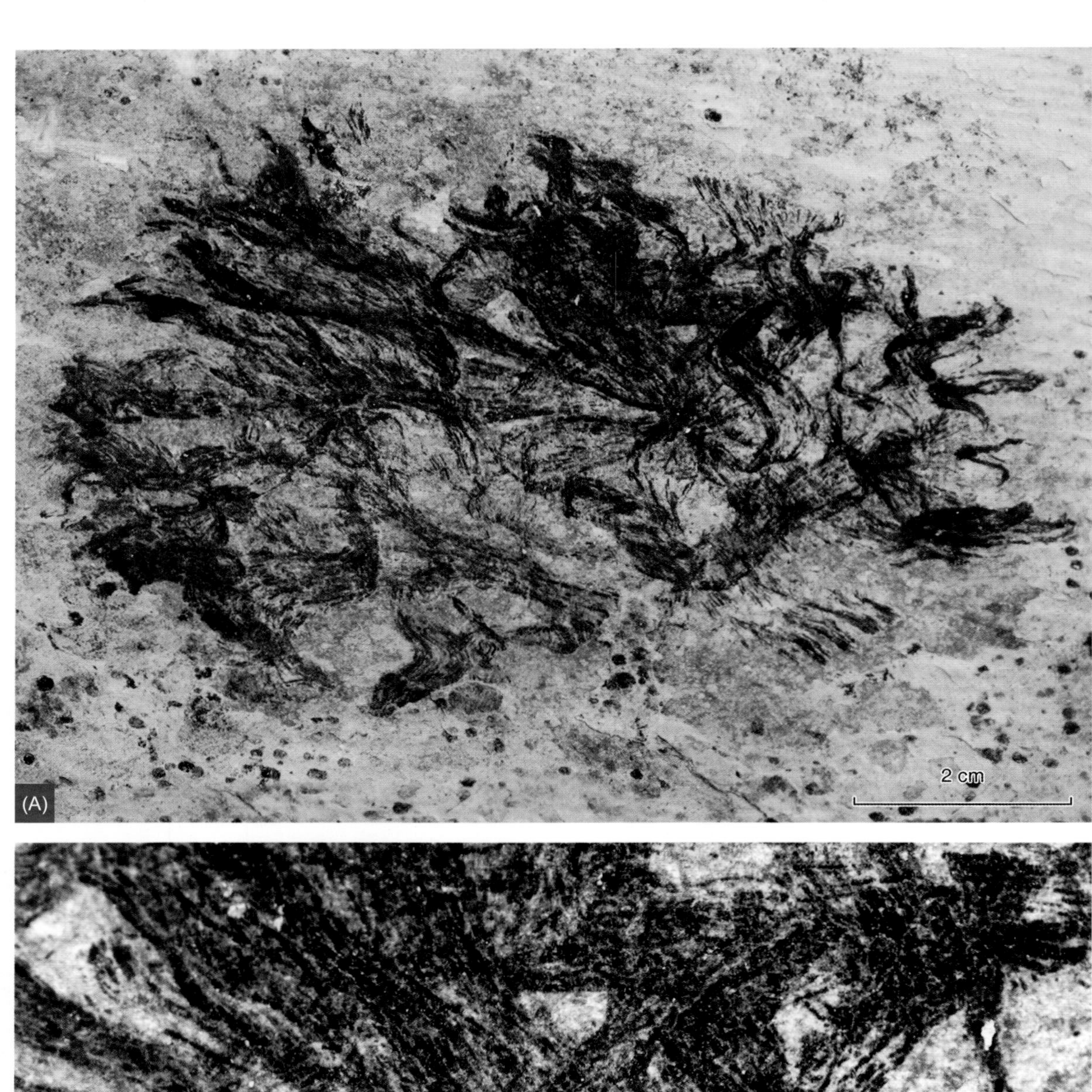

图3.39 穗状玛波利亚藻（*Marpolia spissa*）标本2
B是A的局部放大，示意中间的固着器。

3.2 后生动物

蓝田虫属 *Lantianella* Wan et al., 2016

模式种 光滑蓝田虫*Lantianella laevis* Wan et al., 2016

属征 宏体碳质压膜化石。整个化石体分为明显的三部分，下部为固着器，中间主体部分为锥状体，上部为触手结构。锥状体表面光滑或偶见纵向的丝状结构，边缘平滑、完整（Wan et al., 2016）。

光滑蓝田虫 *Lantianella laevis* Wan et al., 2016

（图3.40—图3.45）

锥状碳质压膜化石，明显分为三部分，包括下部的固着器，中间的锥状体，上部的触手结构。

化石底部可见球形固着器，直径1.5～4.5 mm，边缘光滑或包围有弥散的碳质团块。主体呈扇状，长10～55 mm，宽4～15 mm，发散角10～38度。顶端界线明显，

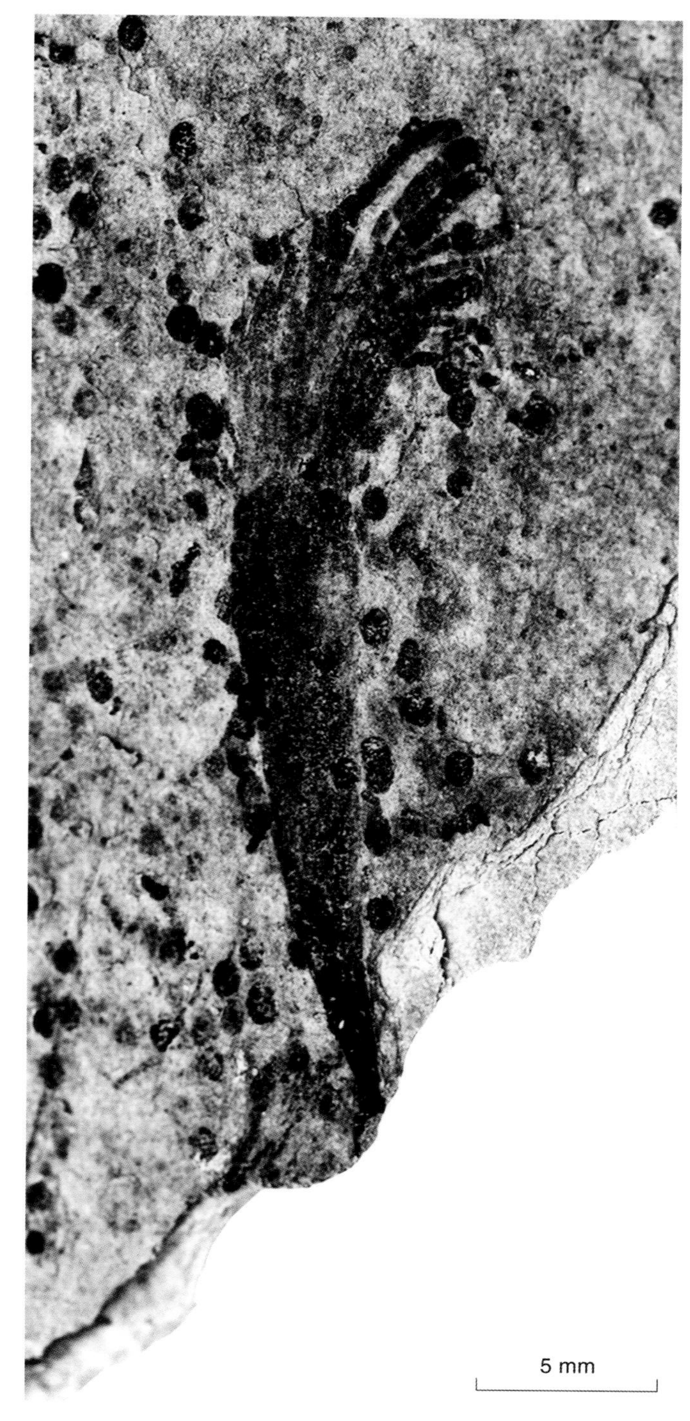

图3.40 光滑蓝田虫（*Lantianella laevis*）标本1

平直或弯曲，可以向上突起呈拱形，也可向下弯曲。其原始形态应为圆锥状。表面一般较为光滑，或者具有稀疏的纵向排列的丝状结构。

上部触手数目10～30根不等，单根直径为0.2～0.7 mm，长度变化较大，为5～20 mm，触手的长度与扇状体长度没有明显的相关性。触手不分叉，柔软或挺直，末端圆润。触手自锥状体的顶部发出，部分标本由于后期的降解作用，上部触手没有完好地保存，整体呈浅色的冠状，与中部的锥状体界线明显。

相对于同层位产出的藻类化石，蓝田虫化石数量极少。藻类大多呈集群产出，而这类化石均为单体保存，迄今没有发现呈集群产出的群体标本。

关于该类化石的生物属性，Yuan 等 (2011) 认为蓝田虫与一些现生腔肠动物较为相似，而部分 *Flabellophyton*

图3.41　光滑蓝田虫（*Lantianella laevis*）标本2

藻类化石可能是没有保存上部触手状结构的蓝田虫。Van Iten 等 (2013, 2014) 认为其具有由三个或四个面所组成的倒锥状、顶端开口的体型，底部未见固着器，顶端具触手结构，把它归入刺细胞动物门钵水母纲的锥石类。根据更多的化石材料，我们认为该类化石底部应当具有固着器，化石主体应该为辐射对称的圆锥状，上部具有触手。因而，Van Iten 等 (2013, 2014) 形态恢复和生物属性的解释值得斟酌。

这种直立的、具有锥状体型和顶端触手状结构的类型在后生动物中也很常见，如刺胞动物中营固着生活的

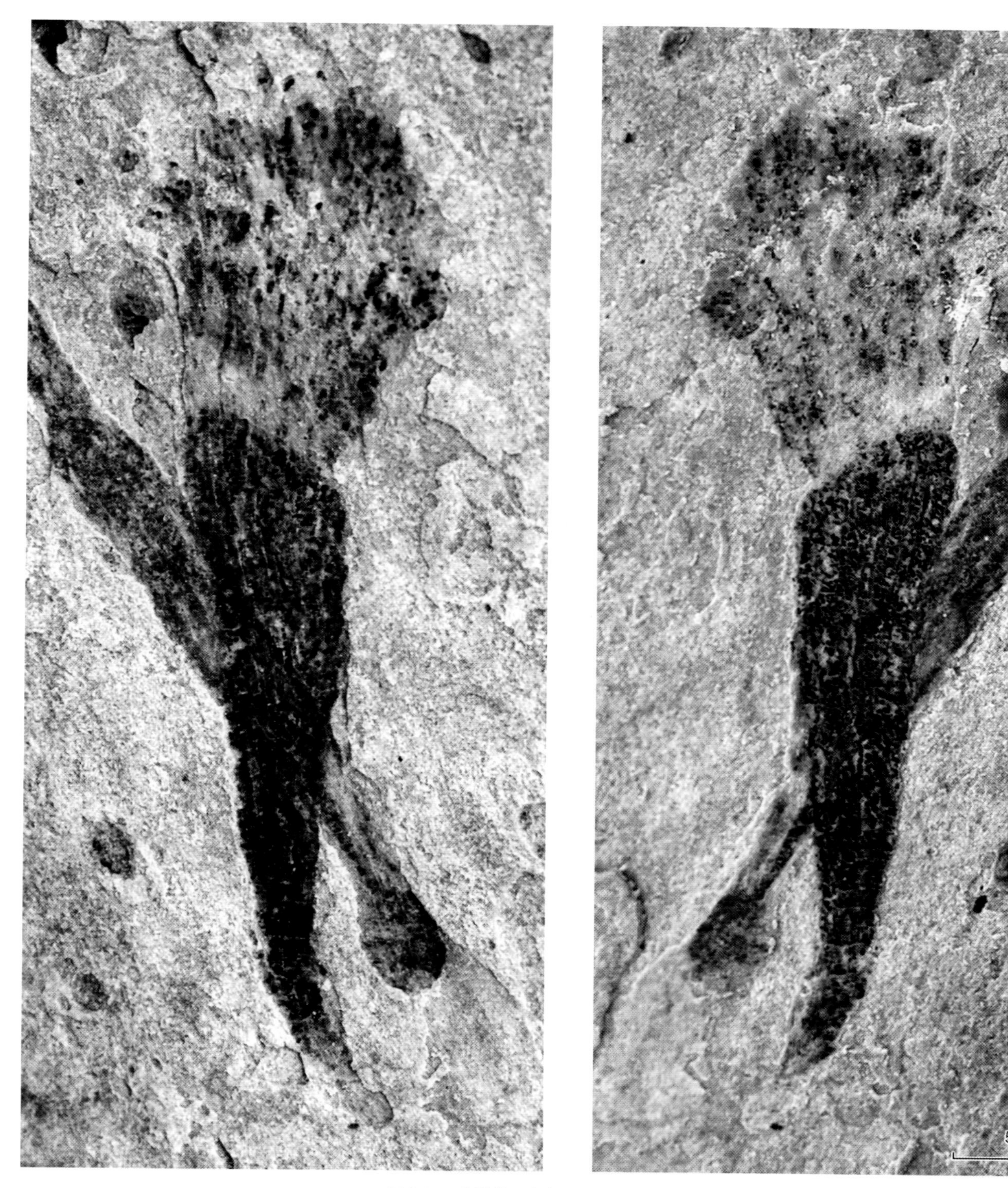

图3.42 光滑蓝田虫（*Lantianella laevis*）标本3

单体水螅类，具有近乎一致的形态 (Nielsen, 2012)。锥状体可能代表了水螅体的内胚层和外胚层组成的躯体，锥状体表面规则的丝状结构可能是类似于十字水母类体壁上的水管，或者锥状体是由这些丝状体所组成的，其类似于围鞘一样的结构起到支撑作用。

可以肯定的是，这类化石应该属于多细胞后生动物，而宏体藻类不具有这样的体型结构。虽然目前还没有确凿的证据论定蓝田虫属于何种门类的动物，但是它们的形态和结构特征与刺胞动物水螅类非常类似。

图3.43　光滑蓝田虫（*Lantianella laevis*）标本4

图3.44　光滑蓝田虫（*Lantianella laevis*）标本5

图3.45 光滑蓝田虫（*Lantianella laevis*）原始形态和生态复原图

环纹蓝田虫 *Lantianella annularis* Wan et al., 2016

(图3.46—图3.49)

总体形态与光滑蓝田虫相似，只是扇状体表面具有横向加厚的环纹结构。环纹5～8个，宽0.5～1.0 mm；环纹间距2～3 mm，从底部向上有略微增大的趋势。

环纹蓝田虫与光滑蓝田虫的基本形态和结构相类似，但是环纹蓝田虫这种表面的环纹结构是一种非常稳定的特征，可能是周期性生长的结果，或者起到增加锥状体物理强度的作用。值得强调的是，环纹蓝田虫这种具有环纹的形态与刺胞动物钵水母类 (scyphozoan) 营世代交替生殖时固着底栖的横裂体阶段形态特征非常相似，而光滑蓝田虫与横裂体阶段之前的螅状体阶段形态特征非常相似 (Nielsen, 2012) 。也许这两种类型代表了同一种生物的不同发育阶段。其原始形态和生态复原图如图3.49。

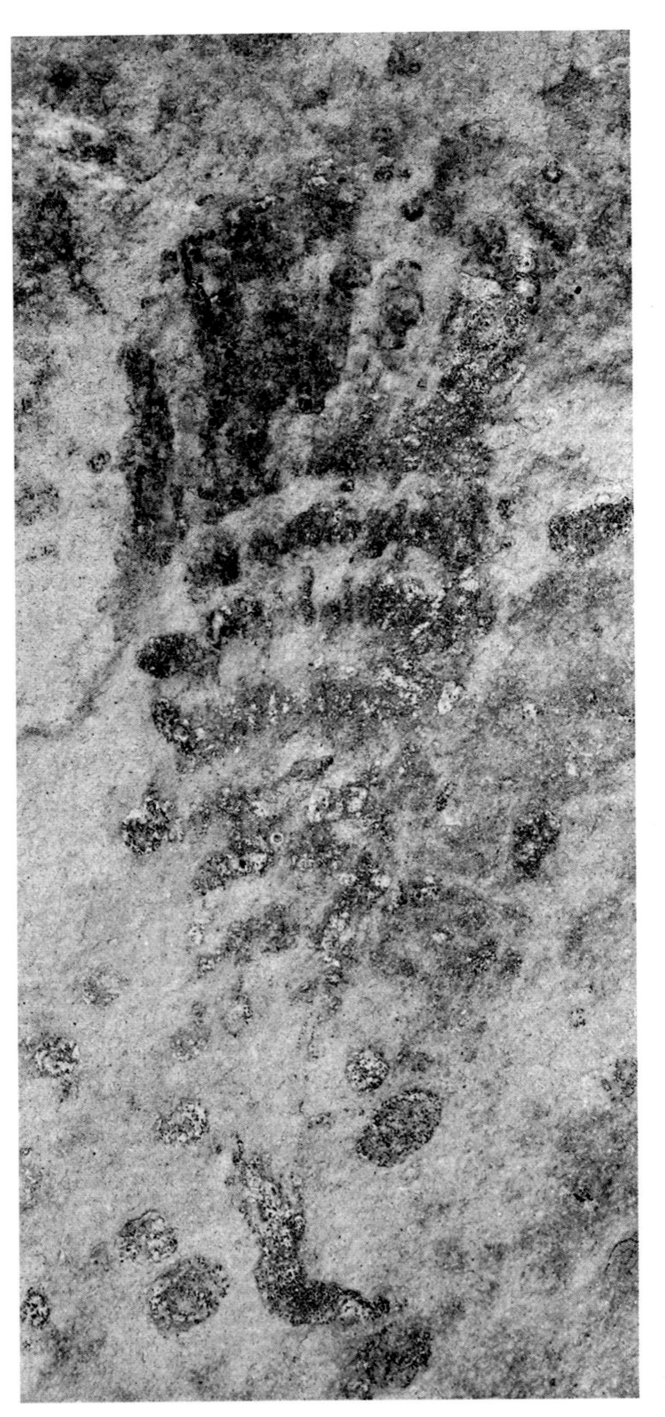

图3.46 环纹蓝田虫（*Lantianella annularis*）标本1

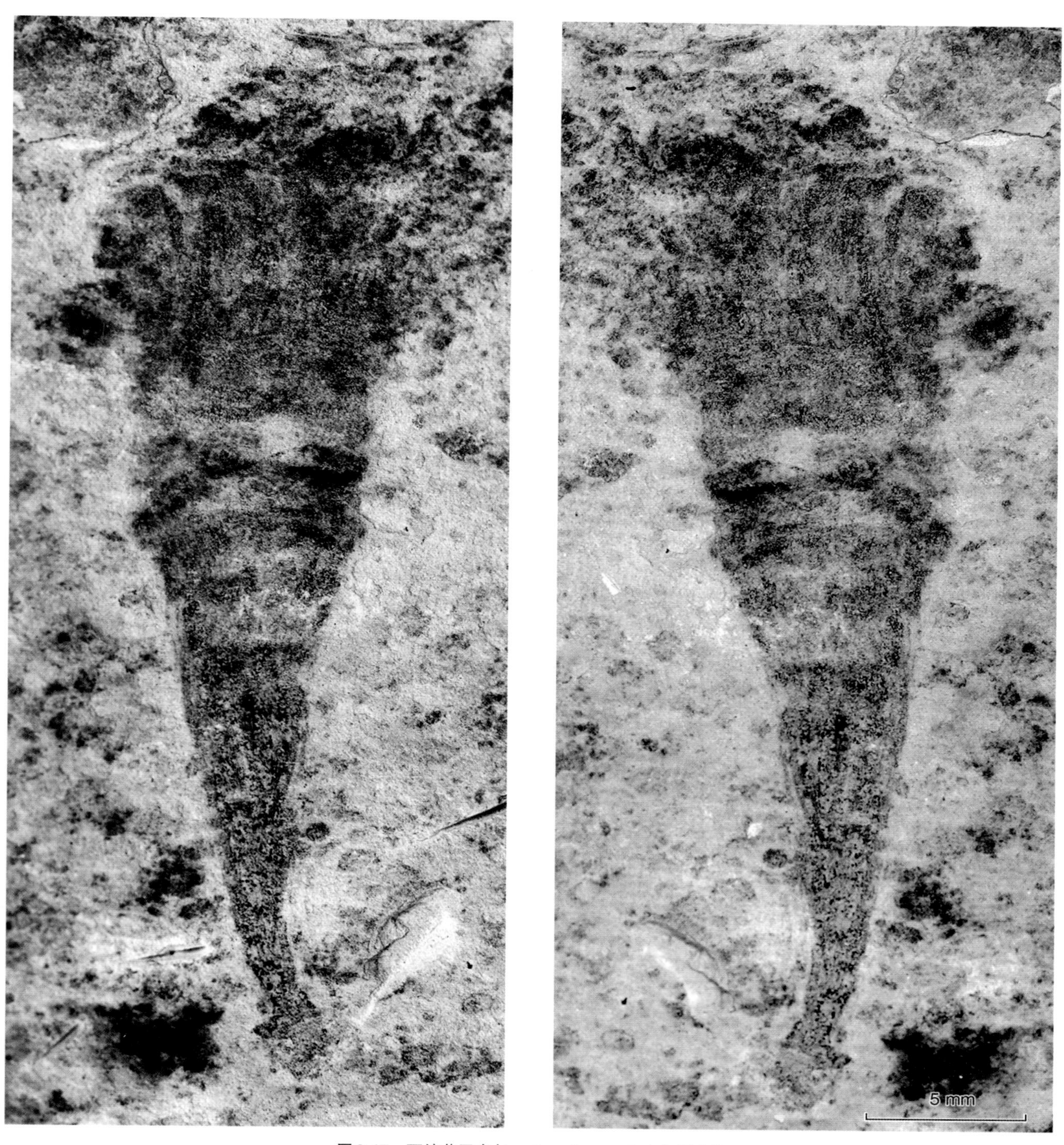

图3.47 环纹蓝田虫（*Lantianella annularis*）标本2

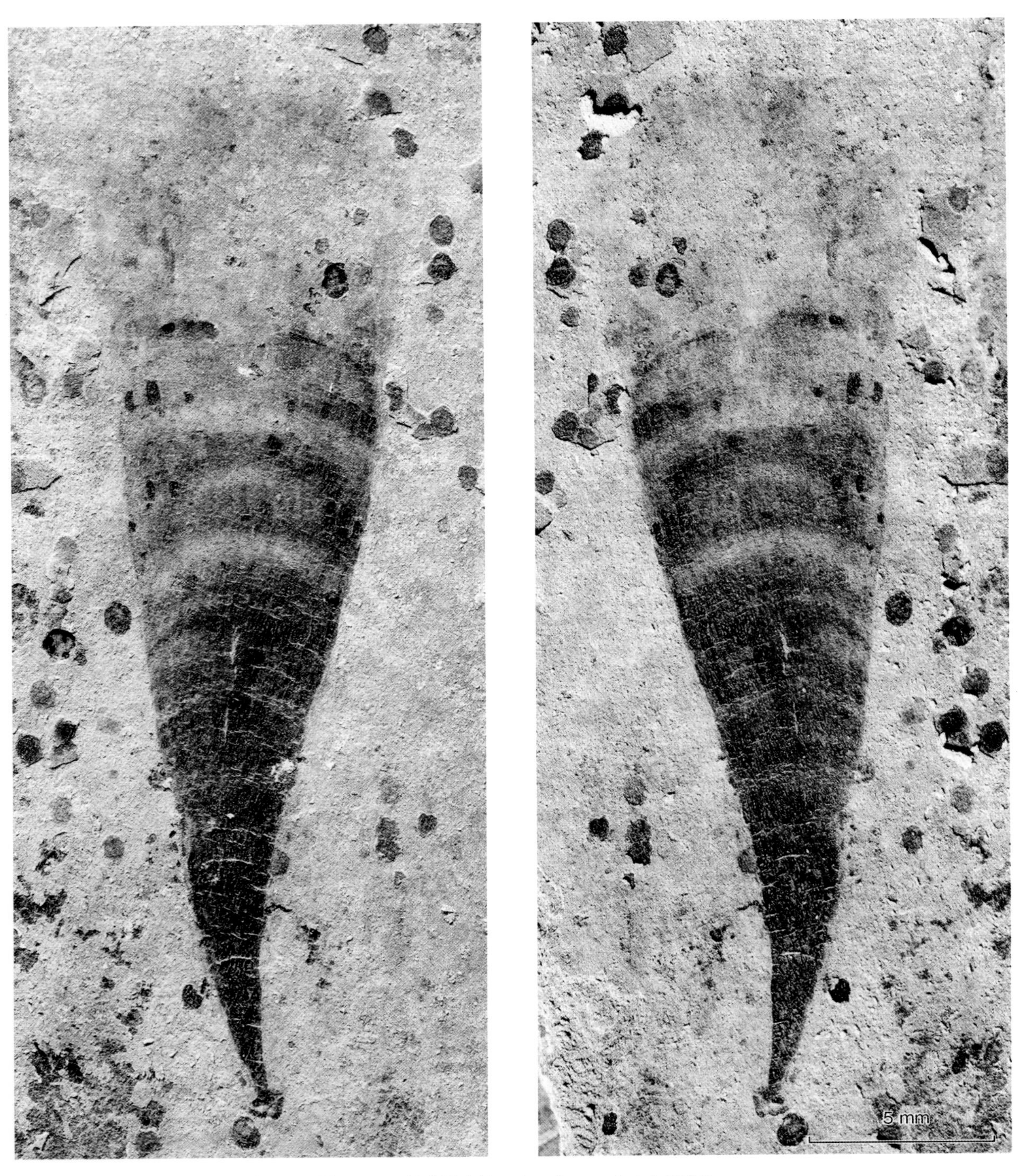

图3.48　环纹蓝田虫（*Lantianella annularis*）标本3

图3.49 环纹蓝田虫（*Lantianella annularis*）原始形态和生态复原图

皮园虫属 ***Piyuania*** **Wan et al., 2016**

模式种 杯状皮园虫 *Piyuania cupularis* Wan et al., 2016

属征 锥状（扇状）压膜化石，明显分成外部和中央结构两部分。底部具有固着器。外部结构呈扇状，中央结构呈纺锤状。中央部分表面具有轴向的丝状结构，顶端具有触手状的丝体（Wan et al., 2016）。

杯状皮园虫 ***Piyuania cyathiformis*** **Wan et al., 2016**

（图3.50—图3.53）

碳质压膜化石，整体形态为下窄上宽的扇状，顶部略带收缩。化石主体分为外部结构和中央结构两部分。外部结构颜色相对较浅，碳质成分分布均一，或者边缘稍显集中，整体与围岩的界限明显，表现为自下而上逐渐发散的不规则扇状，大小变化较大，长15～50 mm，宽5～

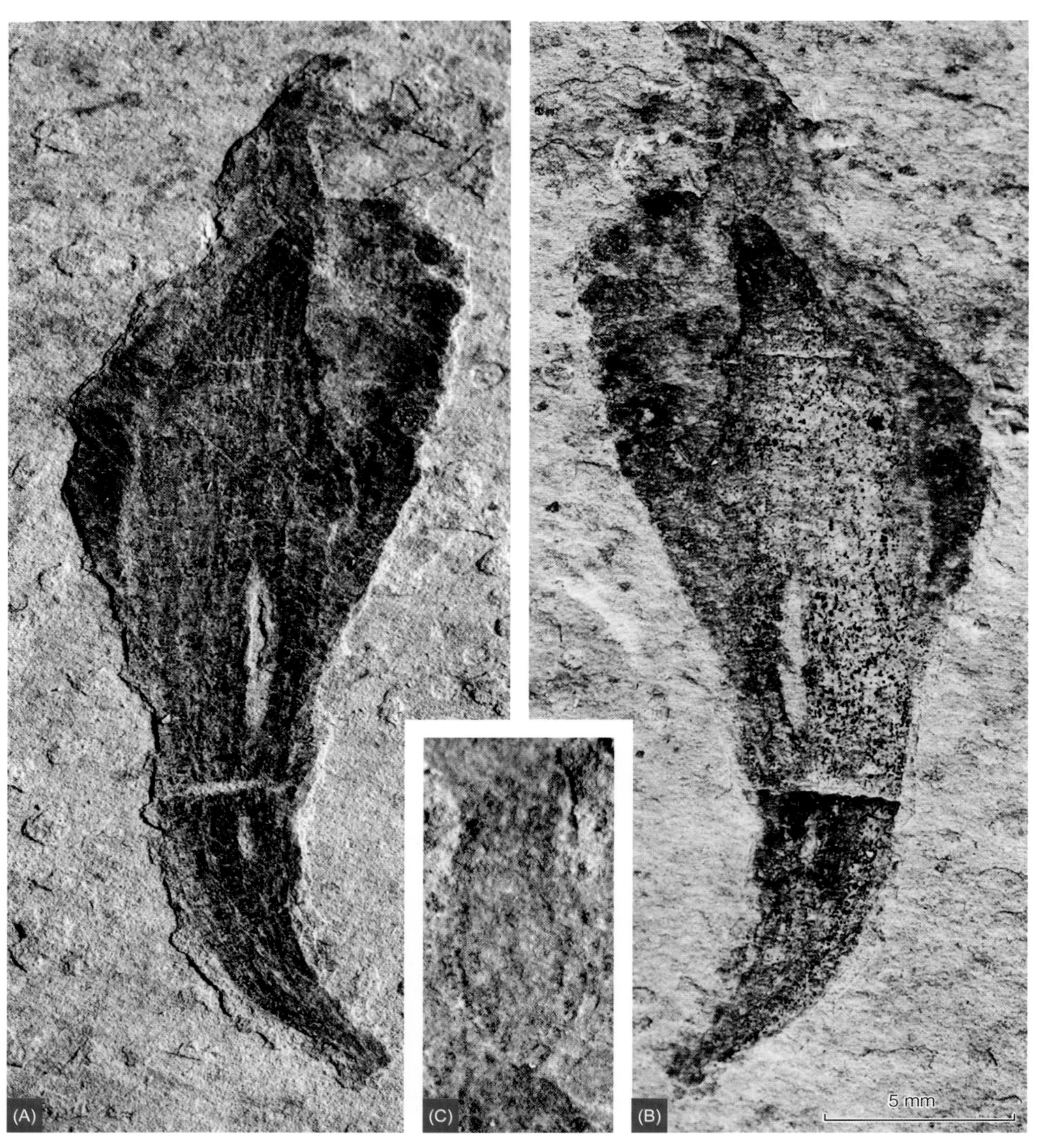

图3.50 杯状皮园虫（*Piyuania cyathiformis*）标本1
A和B为正负膜，C为B的顶端触手结构的放大。

20 mm，发散角10～20度。

中央结构颜色相对较深，为纺锤状，中间最宽，顶端收缩呈钝锥状，长10～35 mm，宽1～5 mm。中央部分表面可见轴向上的丝状结构，均匀连续，宽约0.2 mm，分布规则，在纺锤体的两端汇聚。中央部分的顶端有类似于触手的发丝状结构，宽0.1～0.2 mm，长5～15 mm，数目8～20根。

杯状皮园虫以其具有外部结构和中央结构分异的身体构型和顶端发丝状的触手结构与其他类型相区分。虽然光滑蓝田虫也具有锥状的主体和上部的触手状结构，但其身体不具有内外结构的分异，而顶端的触手状结构相对较粗。

与蓝田虫类似，皮园虫这种形态和结构在现生藻类中也没有相对应的类型。然而，这种数厘米级、单体、底

图3.51　杯状皮园虫（*Piyuania cyathiformis*）标本2

栖固着、直立向上生长、辐射对称的圆锥状软躯体生物，身体具有明显的分层现象，与刺胞动物的水螅体阶段的特征相类似 (Brusca and Brusca, 2003) 。Yuan 等 (2011) 认为这类化石可能属于刺胞动物，中央结构可以解释为一个具有胃循环腔的刺胞动物水螅体，顶端的丝状结构可以解释为触手，而表面的轴向上的束状结构代表了螅状体表面的肌肉组织。外部结构类似于包围在螅状体的外部起到支撑作用的围鞘。这种具围鞘的水螅体在刺胞动物水母类 (包括十字水母纲、砵水母纲、箱水母纲和水螅虫纲) 中都有出现，虽然无法确定它们属于基干类群还是冠状类群，但这种形态和结构上的完好对应，无疑证实了它们后生动物的属性。

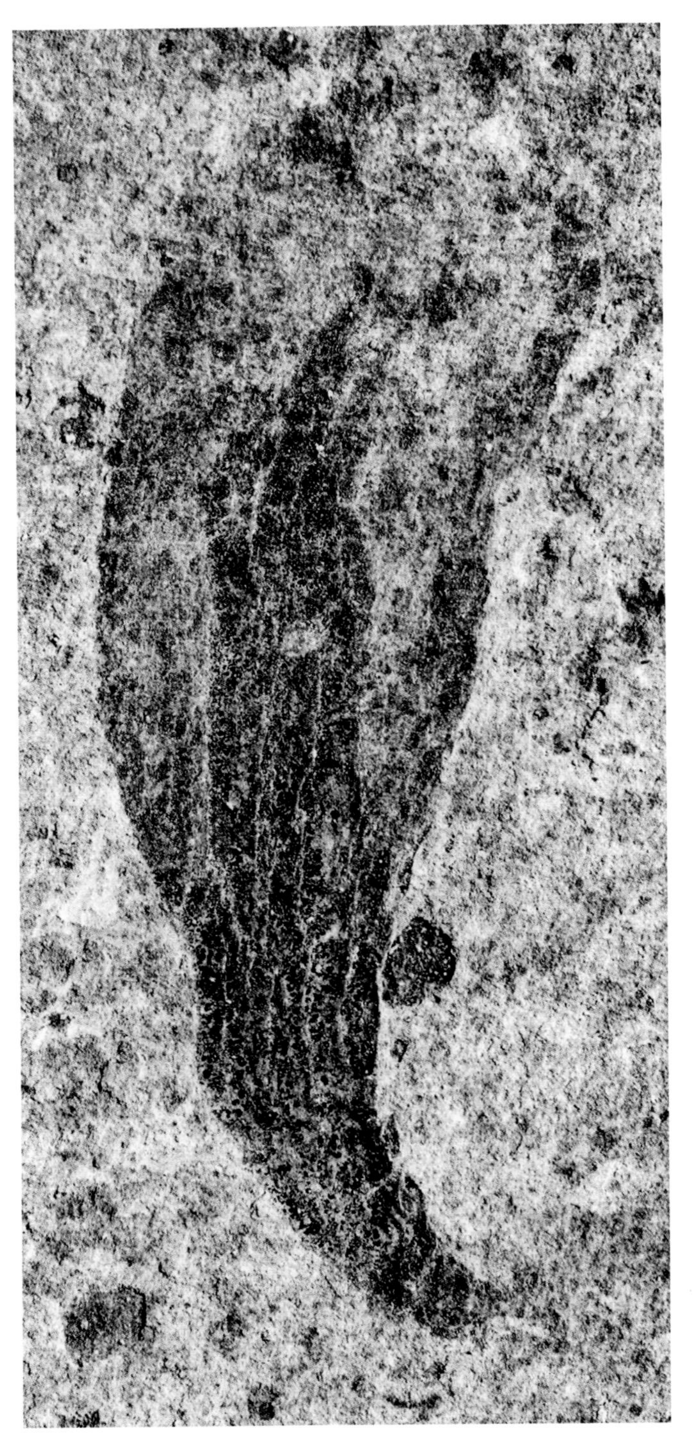

图3.52 杯状皮园虫 (*Piyuania cyathiformis*) 标本3

图3.53 杯状皮园虫（*Piyuania cyathiformis*）原始形态和生态复原图

前川虫属 ***Qianchuania* Wan et al., 2016**

模式种 梭状前川虫 *Qianchuania fusiformis* Wan et al., 2016

属征 纺锤状压膜化石，明显分成外部和中央两部分。主体具有外侧结构和中央结构的分异，底部具有固着器。外侧结构呈鞘状，包裹着中央部分的中、下部，中央结构上部延伸出外侧结构顶端，略微变宽呈末端钝圆的指头状 (Wan et al., 2016)。

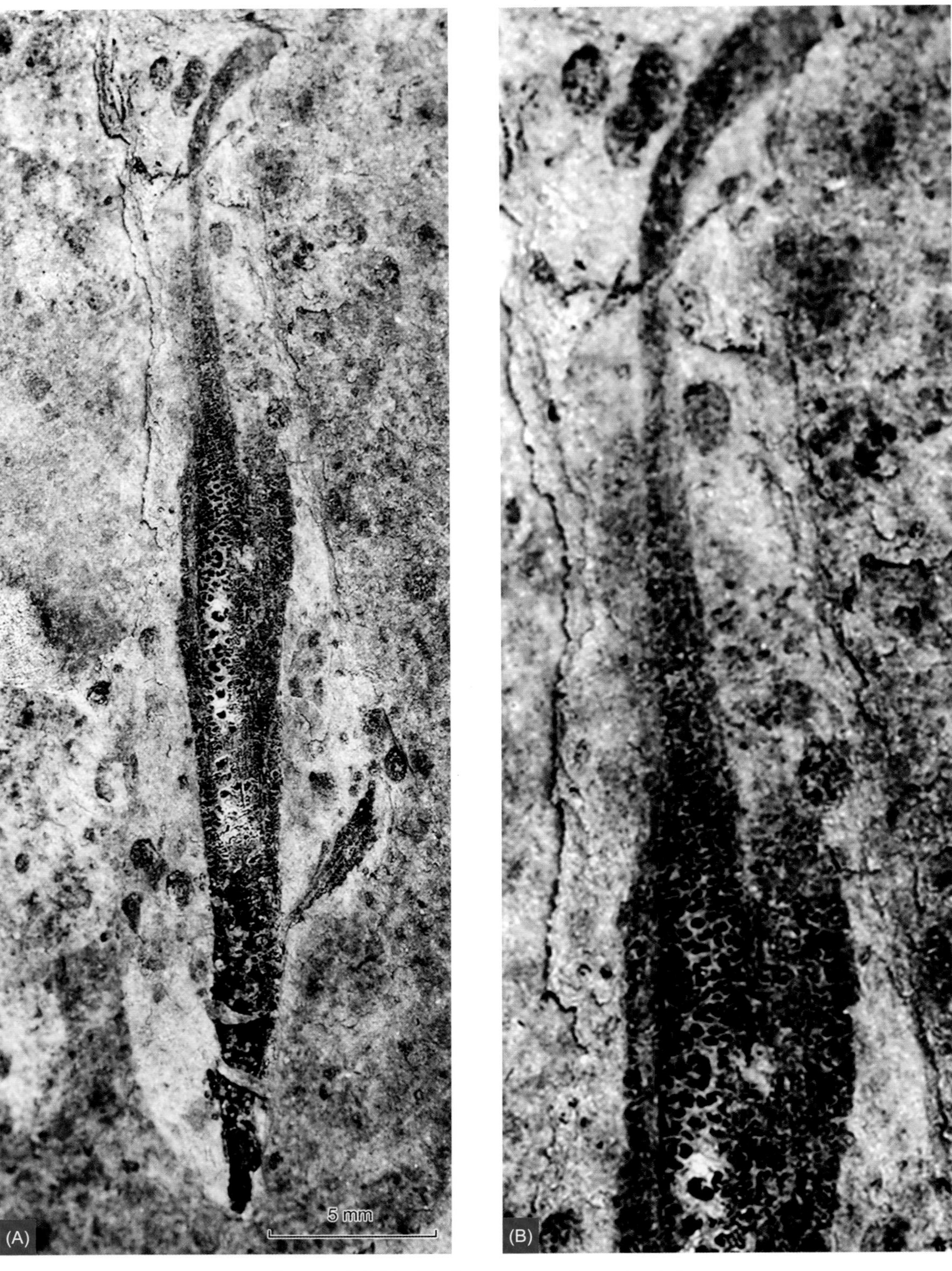

图3.54 梭状前川虫（*Qianchuania fusiformis*）标本1
B是A的局部放大。

梭状前川虫 ***Qianchuania fusiformis*** **Wan et al., 2016**（图3.54—图3.57）

碳质压膜化石，化石整体表现为两端细、中间宽的纺锤状，宽3～6 mm，长30～60 mm。底部可见固着器。保存完好的化石，纺锤状的主体具有颜色较浅的外侧鞘状结构和深色的中央结构，一般下部较为融合，中上部外鞘与中央部分明显分异。外鞘在上部有一个明显的收缩变窄，中央结构在外部结构的顶端收缩变细

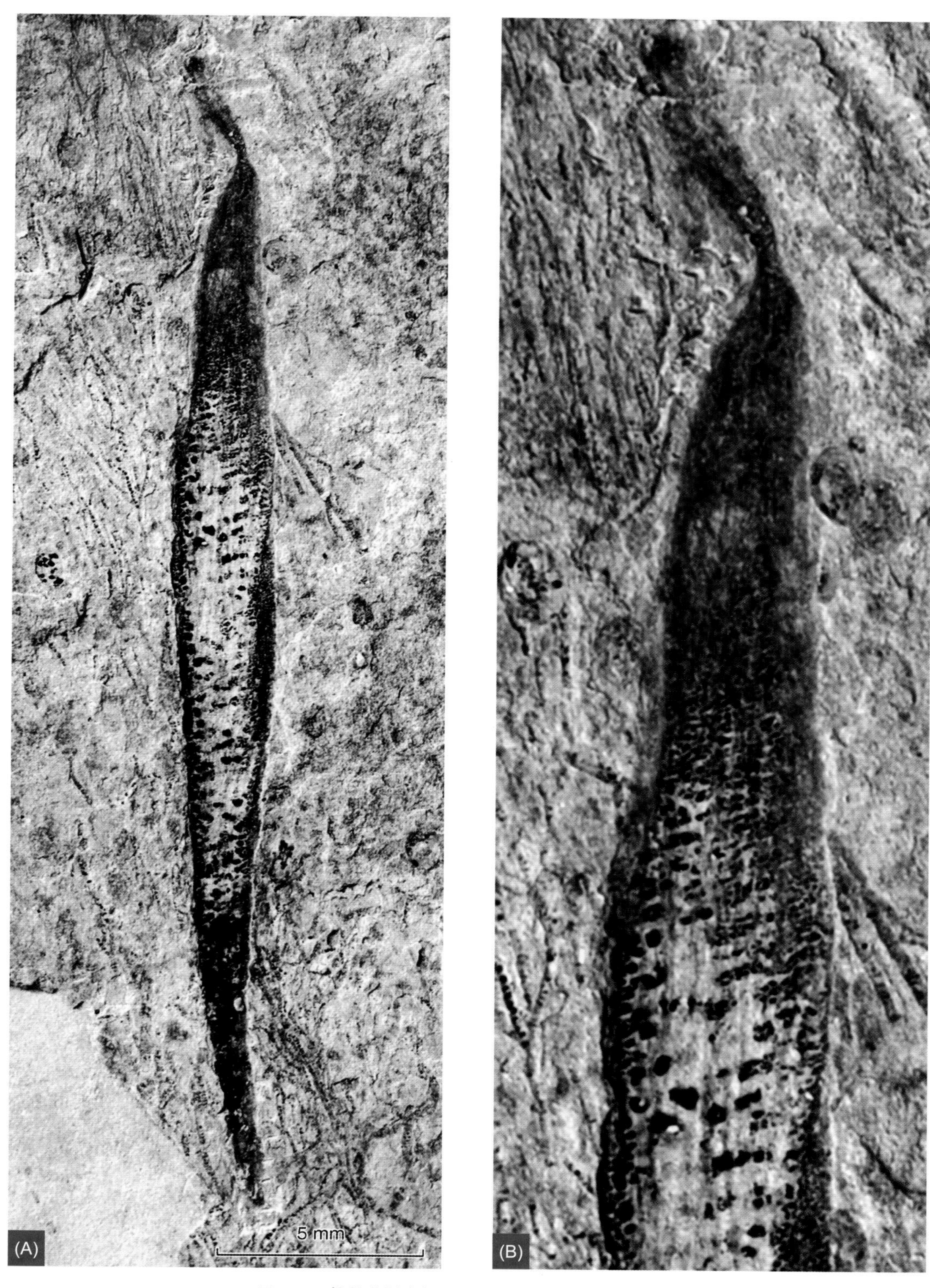

图3.55 梭状前川虫（*Qianchuania fusiformis*）标本2
B是A的局部放大。

后，延伸到外部逐渐变宽，末端钝圆呈指头状，直径为0.5～1.0 mm。

与蓝田虫和皮园虫相类似，前川虫的这种形态和结构在现生藻类中也没有相对应的类型。梭状前川虫曾被Yuan 等 (2011) 描述为Type B，认为其与蓝田虫相似，只是其上部的冠状结构仅由一根类似于触手的带状体组成，可能代表了蓝田虫不同的发育阶段。

图3.56　梭状前川虫(*Qianchuania fusiformis*)标本3
B是A的局部放大。

图3.57 梭状前川虫（*Qianchuania fusiformis*）原始形态和生态复原图

休宁虫属 ***Xiuningella*** **Wan et al., 2016**

模式种 稀少休宁虫 *Xiuningella rara* Wan et al., 2016

属征 带状压膜化石，带状体均匀规则，原始形态为圆柱状，中间具有一条细长的暗色轴向结构，顶端圆润，下部收缩为细短的柄状结构，底部为一球状突起 (Wan et al., 2016)。

稀少休宁虫 ***Xiuningella rara*** **Wan et al., 2016**

(图3.58，图3.59)

长带状碳质压膜化石，主体均匀规则，原始形态应为圆柱状，宽1.4 mm，长18 mm，中间有一条明显的0.2～

图3.58 稀少休宁虫（*Xiuningella rara*）

图3.59 稀少休宁虫（*Xiuningella rara*）原始形态和生态复原图

0.3 mm宽轴向暗色条带，几乎贯穿整个个体，顶端圆润，下部收缩变细，形成一段1.3 mm长，0.4 mm宽的柄状结构，带状主体与柄状结构相连的位置有一圈宽0.2 mm的暗色环纹，底部具有一个直径0.5 mm的球状突起。

稀少休宁虫以其细长的圆柱状的身体和中间的轴向结构与其他属种的化石相区分。这类化石中间的暗色条带代表该类生物内部具有相对复杂的分层现象，这种形态结构在现生藻类中没有相似的形态来对应。稀少休宁虫先前被Yuan 等 (2011) 描述为Type D，认为在形态上可以和蠕虫类动物相类比，其外部的浅色圆柱体代表生物躯体，中间的暗色条带类似肠道结构，下部球状突起和柄状结构类似于蠕虫类的翻吻结构。本文认为其底部的球状突起可能为固着器，进而将其恢复为底栖固着，直立向上生长，具有相对复杂的身体构型的一类后生动物。

3.3 疑难化石

奥尔贝串环 Genus *Orbisiana* Sokolov, 1976, emend. Wan et al., 2014

模式种 简单奥尔贝串环 *Orbisiana simplex* Sokolov, 1976

属征 直径为毫米级的圆环或者圆筒连续排列形成的长链状或者不规则的集合体，长链偶尔分叉 (Wan et al., 2014)。

线状奥尔贝串环 *Orbisiana linearis* Chen (in Chen, Lu, and Xiao, 1994), emend. Wan et al., 2014

(图3.60—图3.65)

碳质圆环或者圆筒单链状排列所形成的串链状的集合体。大多数标本都是以二维的碳质压膜的形式保存在

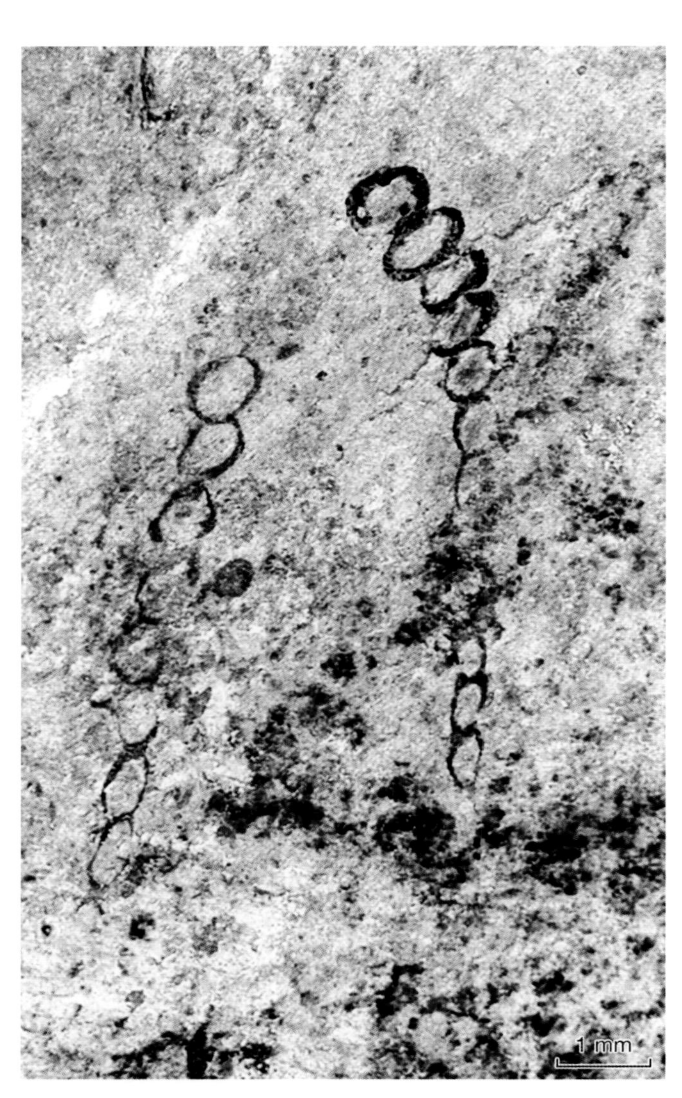

图3.60 线状奥尔贝串环(*Orbisiana linearis*) 标本1

图3.61 线状奥尔贝串环(*Orbisiana linearis*) 标本2

页岩表面，少数标本以三维立体的碳质壁延伸到页岩微细纹层的内部。串链直或弯曲，部分标本的圆环呈现“之”字形的排列。多数标本为单一链状，少数标本可能有二歧状分叉的现象。组成串链的圆环长轴分布范围0.4～2.6 mm，平均1.11 mm；短轴分布范围 0.2～1.6 mm，平均0.77 mm。

这类串环状化石最早报道于俄罗斯莫斯科向斜(Moscow Syncline) 埃迪卡拉纪晚期的Redkino岩层中，是由一系列圆环状结构所组成的双链状集合体，描述为简单奥尔贝串环 (*Orbisiana simplex*) (Sokolov, 1976) 。

蓝田生物群中的线状奥尔贝串环(*Orbisiana linearis*)是一个具有模块化构型的埃迪卡拉生物，它由一系列毫米级的圆环或者圆筒，以彼此相切的方式所组成的单链状的集合体。它匍匐着表栖生活在水岩交互界面上，或者营半埋栖的生活方式，一半埋在沉积物中，一半露在水里。虽然线状奥尔贝串环确切的生物属性还不确定，但是同许多埃迪卡拉生物一样具有模块化的身体构型，可以更好地适应埃迪卡拉纪时期海洋的环境和进行渗透营养的生活方式 (Laflamme et al., 2009; Sperling et al., 2011) 。

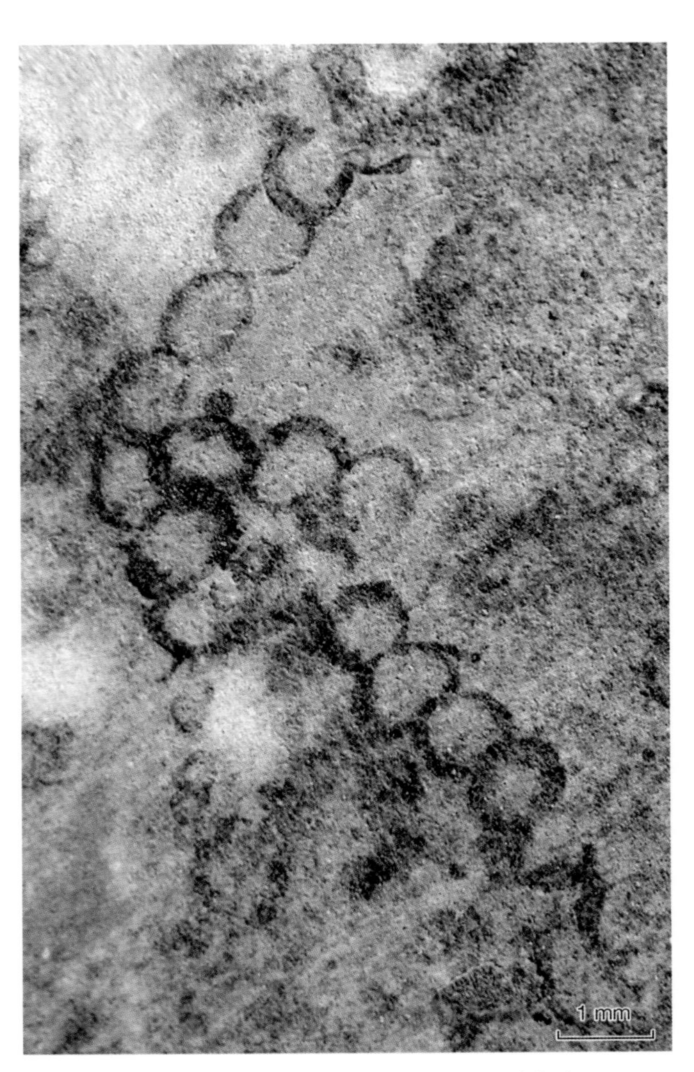

图3.62 线状奥尔贝串环 (*Orbisiana linearis*) 标本3

图3.63 线状奥尔贝串环 (*Orbisiana linearis*) 标本4

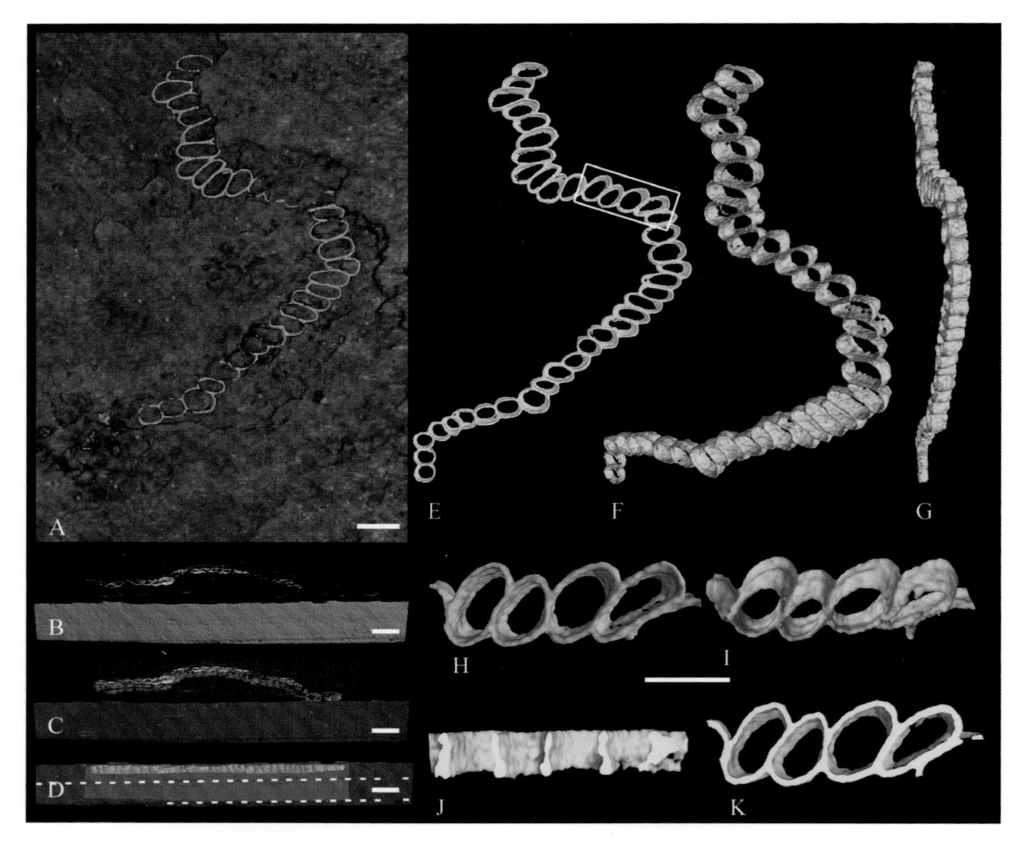

图3.64　三维立体保存线状奥尔贝串环（*Orbisiana linearis*）的Micro-CT数据图像分析（Wan et al., 2014）。
A—D. 标本的三维复原，化石黄色加亮：A. 标本顶视图；B. 标本斜视图；C. 标本斜视图，围岩的透明度降低为原来的50%；D. 标本侧视图，围岩的透明度降低为原来的50%，虚线表示页岩的微细纹层。E—K. 化石的三维复原，将围岩移除：E. 化石顶视图；F. 化石斜视图；G. 化石侧视图；H. 化石中间部分的局部放大；I, H. 的斜视图；J, H. 的纵切面；K, H. 的横切面。图中比例尺均为1 mm。E—G与A比例尺相同。

图3.65　线状奥尔贝串环（*Orbisiana linearis*）原始形态和生态复原图

未命名类型A　Unnamed Form A

(图3.66—图3.69)

整体形态表现为比较规则的扇状碳质压膜化石。保存较好的化石底部可见固着器；扇状体高1～6 mm，宽0.5～4.0 mm，扇状发散角为8～60度。扇状体表面由纵向紧密排列的丝状体和相对稀疏的横向丝状体组成，形成密集的网格状结构。纵向的丝状结构自下而上直径较为均一，为0.3～0.8 mm。横向的丝状结构相对较宽，为0.5～1.5 mm，数量5～15个不等，呈向上微突的弧形，自下而上平行分布且逐渐变宽。扇状体的顶端边缘平滑，向上微突，与横向的丝状结构平行。该类化石偶尔以居群的方式产于同一层面上。

从现有的化石特征很难判别该类化石生物属于藻类还是动物。从总体形态上看更类似于海绵动物，但并不具有海绵骨针。因此这类化石的生物属性还需要进一步深入地研究，本文将其归入疑难类化石。

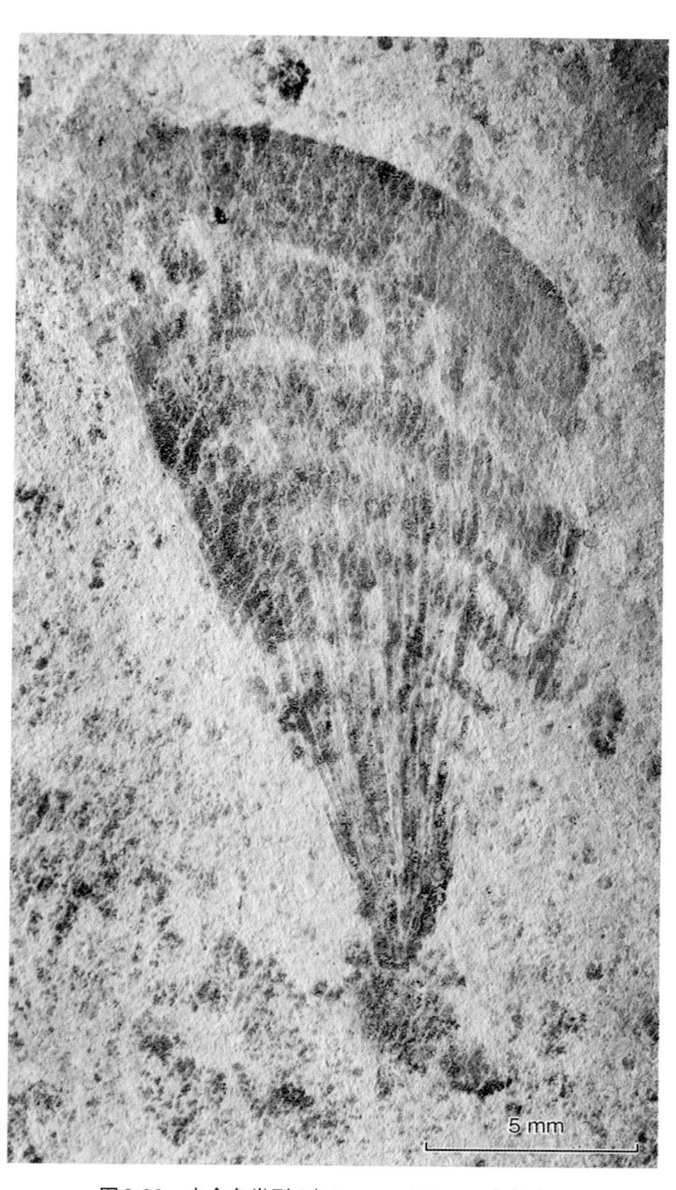

图3.66　未命名类型A（Unnamed Form A）标本1

图3.67　未命名类型A（Unnamed Form A）标本2

图3.68　未命名类型A（Unnamed Form A）
同一层面上以居群的方式密集产出。

图3.69 未命名类型A（Unnamed Form A）原始形态和生态复原图

未命名类型B　Unnamed Form B

(图3.70—图3.73)

单个的扇状 (锥状) 碳质压膜化石。长20～60 mm，宽1～3 mm，发散角15～35度。与Unnamed Form A形态相类似，具有纵向和横向的丝状结构并形成骨架，结构更加明显，纵向与横向的丝体相交处形成节状的凸起。横纹较为稀疏，3～10个，间距较大，3～10 mm。底部保存较为完整，一般呈钝圆形，顶端丝状体参差不齐，与锥体上的丝状结构相连接。未见完整平滑的上边缘。

该类化石总体形态上非常类似于海绵动物，但并不具有矿化的海绵骨针。从现有的化石特征也很难判别该类化石生物属于藻类还是动物。这类化石的生物属性还需要进一步深入地研究，本书暂将其归入疑难类化石。

图3.70　未命名类型B（Unnamed Form B）标本1

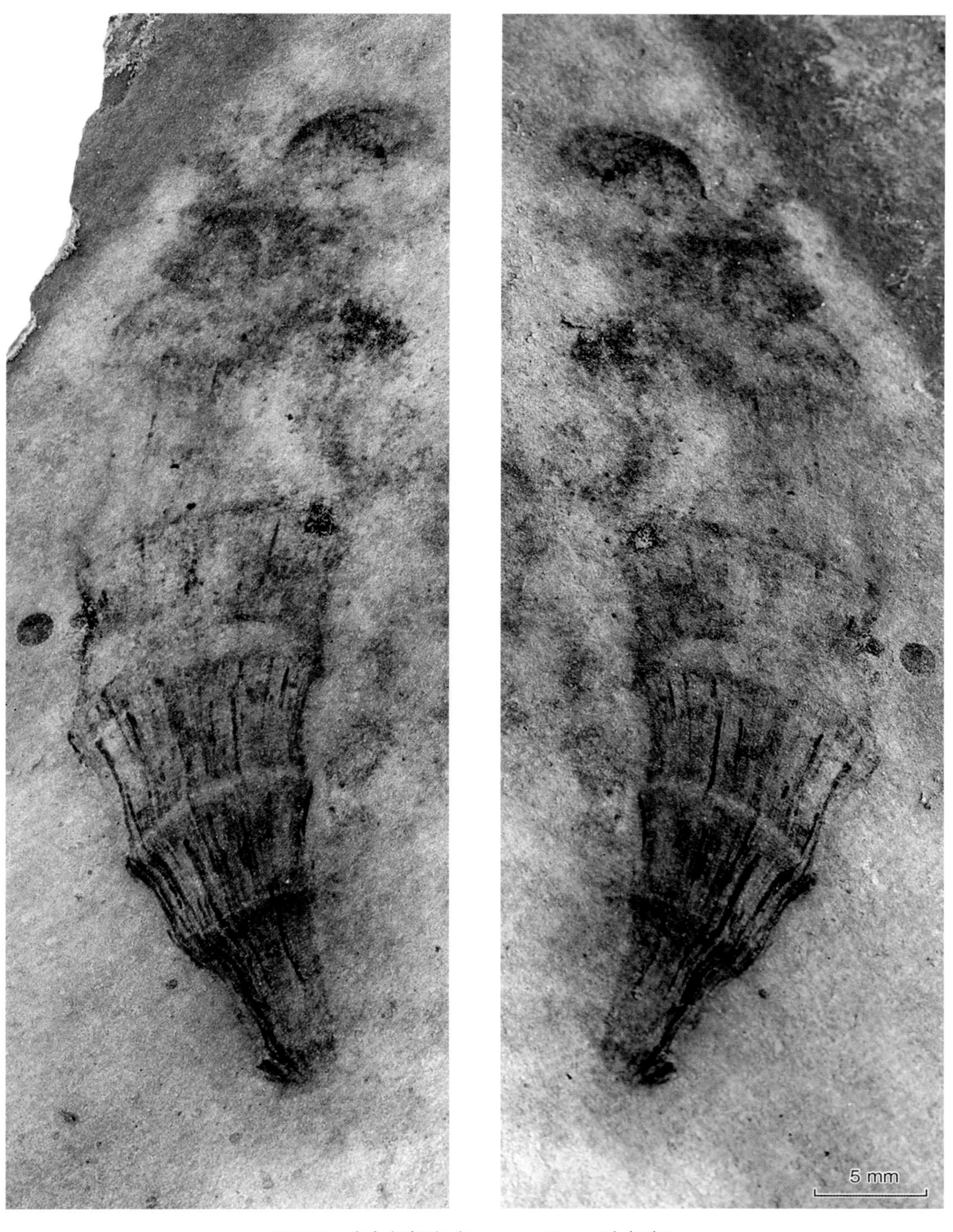

图3.71 未命名类型B（Unnamed Form B）标本2

图3.72　未命名类型B（Unnamed Form B）标本3

图3.73 未命名类型B（Unnamed Form B）原始形态和生态复原图

未命名类型C　Unnamed Form C.

(图3.74—图3.77)

结构特征与未命名类型B相同，只是这种类型呈细长的锥管状，管体底部锥状收缩，发散角8～15度，主体为管状，宽3～15 mm，长25～60 mm。表面上具有纵向密集排列的丝状结构，丝状体宽0.1～0.5 mm。以及横向上的环纹结构，环纹

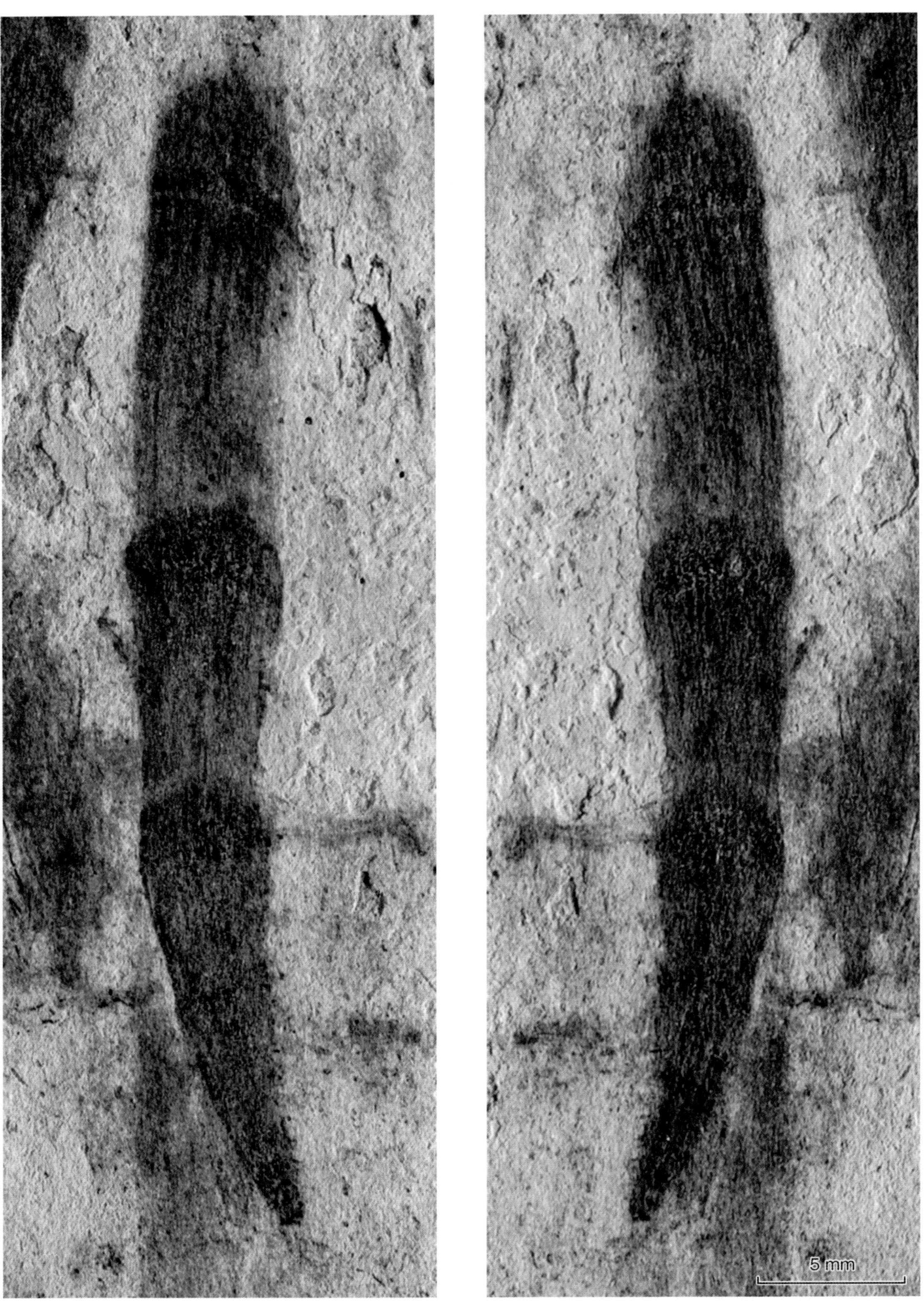

图3.74　未命名类型C（Unnamed Form C）标本1

宽0.8～1.5 mm,环纹数目3～8,环纹间距3～20 mm。

同未命名类型B,该类化石总体形态上非常类似于海绵动物,但并不具有矿化的海绵骨针。从现有的化石特征也很难判别该类化石生物属于藻类还是动物。这类化石的生物属性还需要进一步深入地研究,本文将其归入疑难类化石。

图3.75　未命名类型C（Unnamed Form C）标本2
B是A的局部放大。

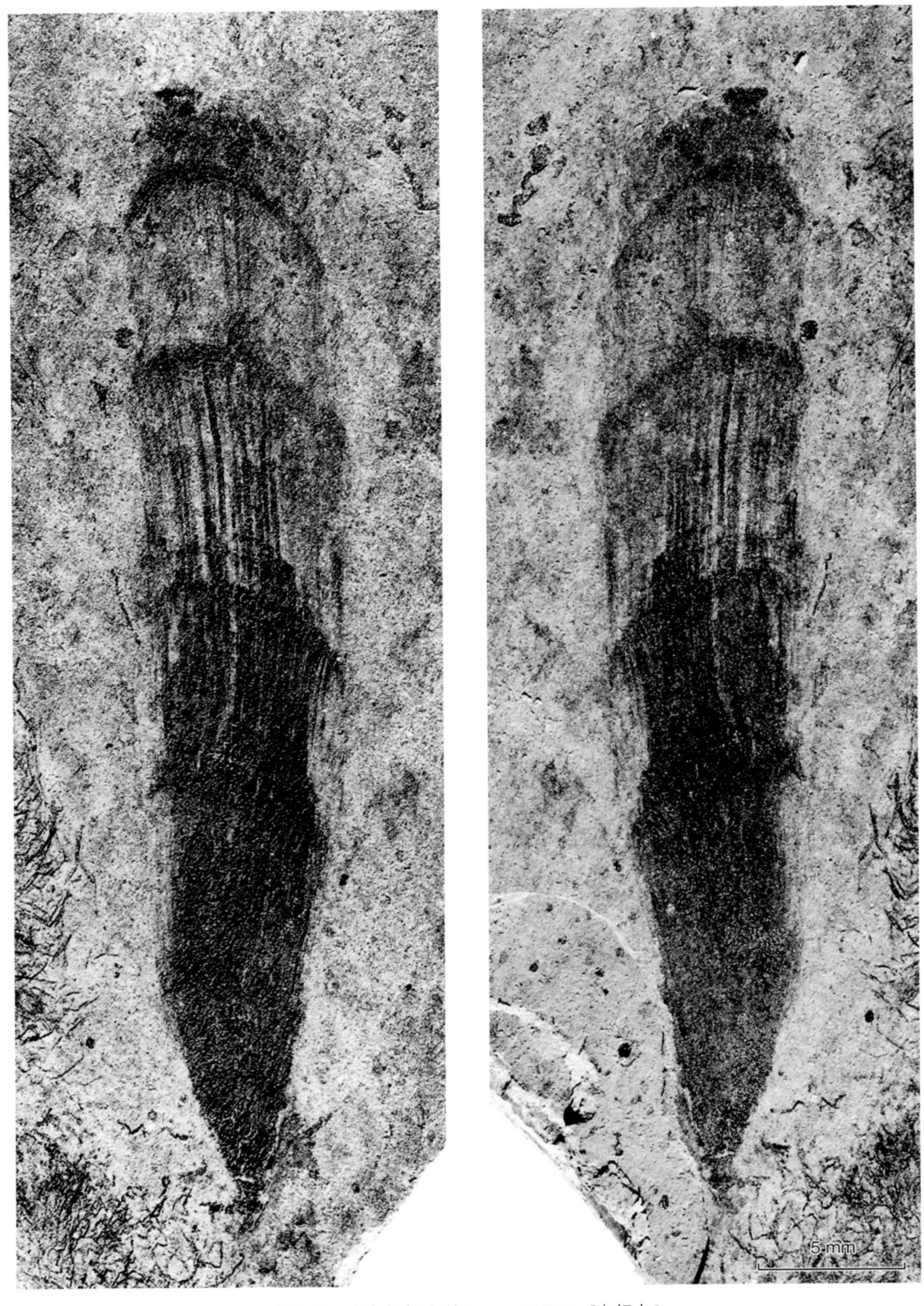

图3.76　未命名类型C（Unnamed Form C）标本3

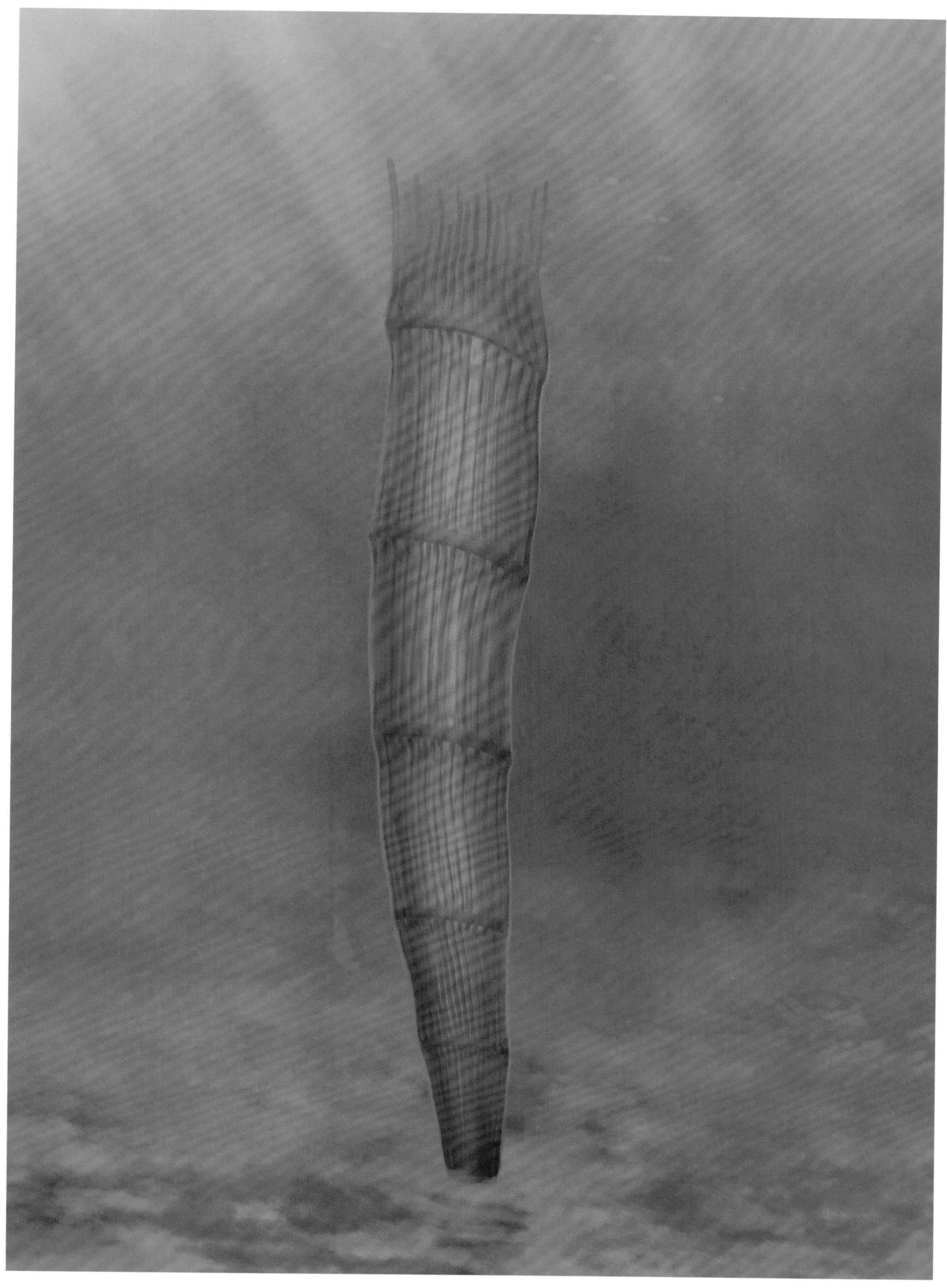

图3.77 未命名类型C（Unnamed Form C）原始形态和生态复原图

未命名类型D Unnamed Form D

(图3.78—图3.81)

碳质压膜形式保存的圆形或者椭圆形盘状化石。椭圆形长轴5～70 mm，短轴5～40 mm。内部具有弥散的碳质成分，不均匀分布。部分标本内部具有不规则的环状或环网状结构。环状结构大小不一，分布不均，可位于内部，也可位于边缘。边缘碳质稍显加厚，与围岩界限明显。一般单个产出，也有呈集群状产出，没有明显的叠覆现象。

该类化石结构简单，没有明显的鉴定特征可以确定它们的生物亲缘关系，因此也只能将其归入疑难化石。

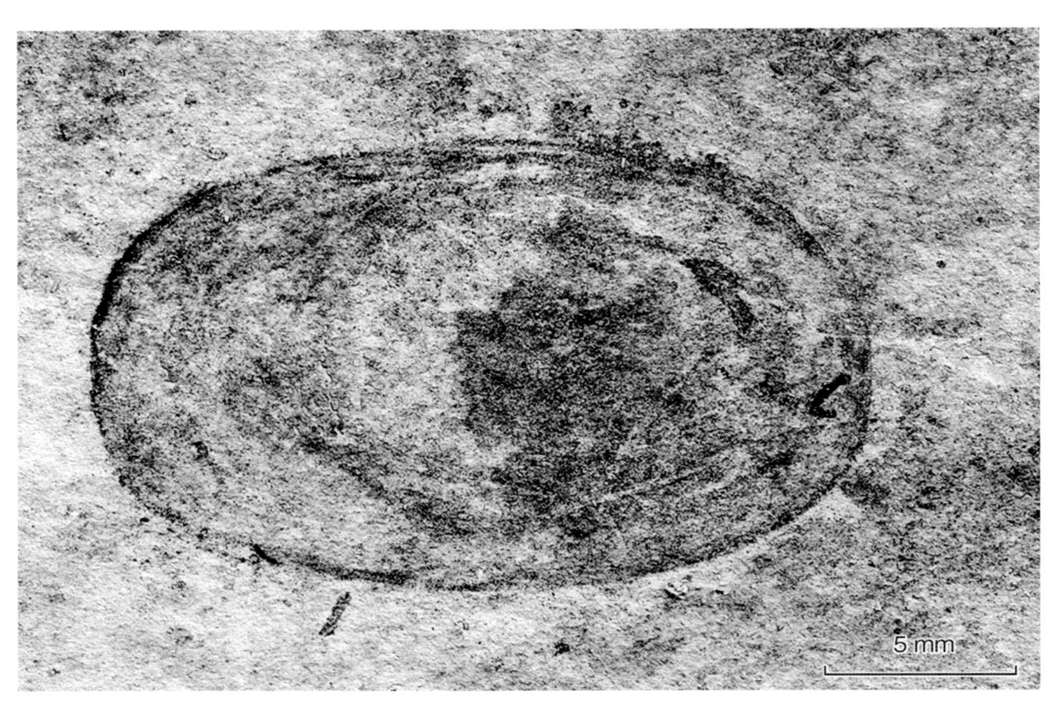

图3.78 未命名类型D（Unnamed Form D）标本1

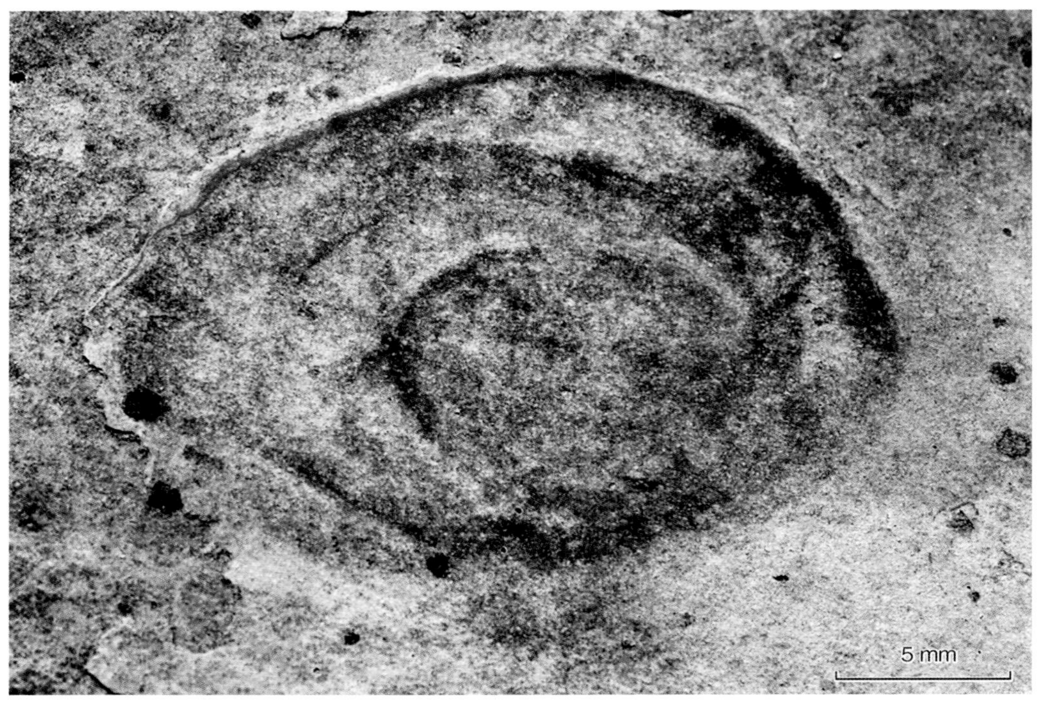

图3.79 未命名类型D（Unnamed Form D）标本2

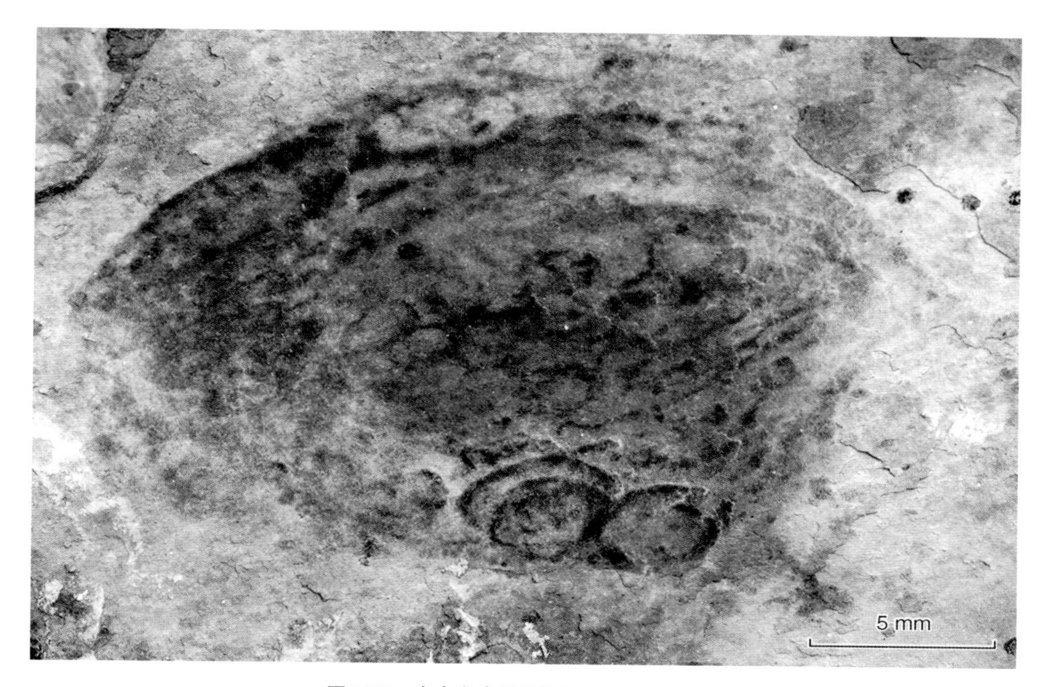

图3.80 未命名类型D（Unnamed Form D）标本3

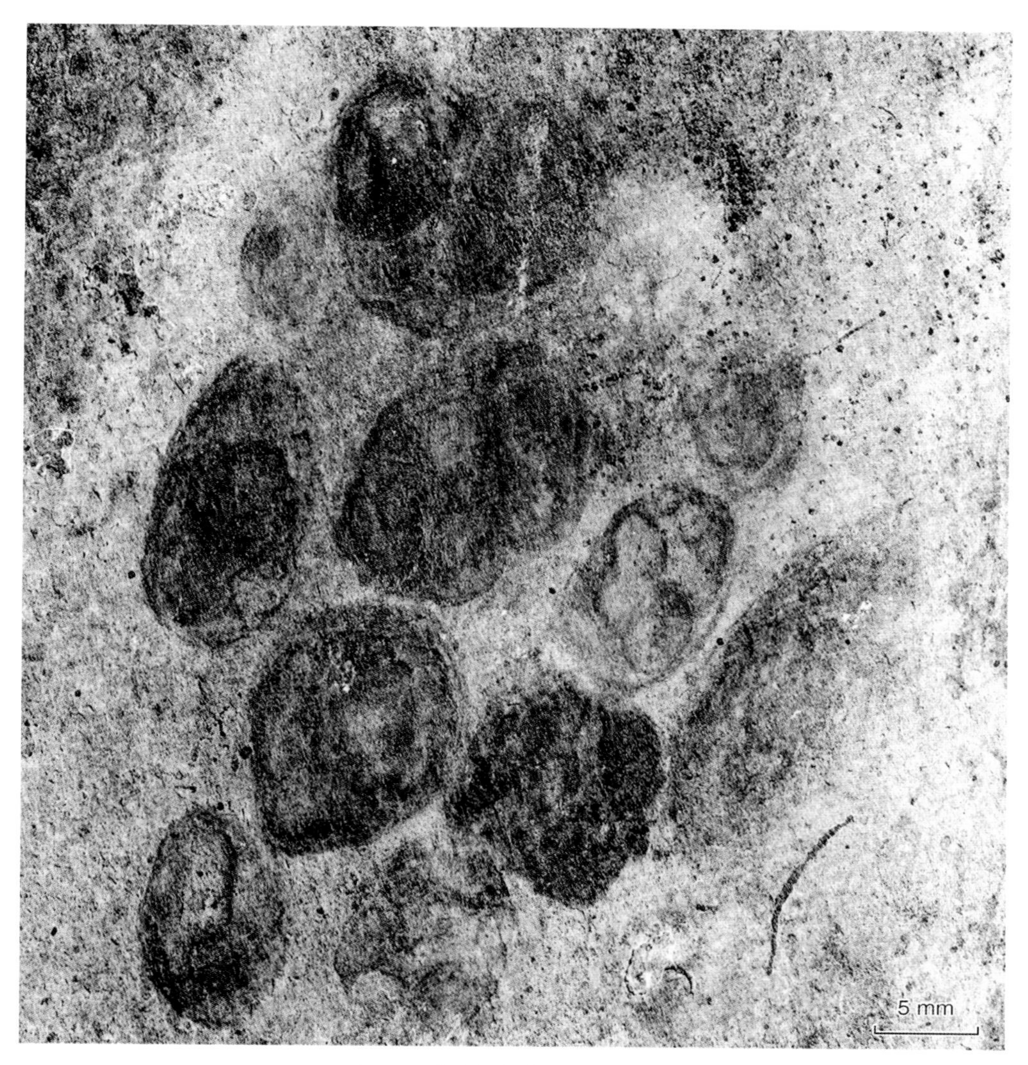

图3.81 未命名类型D（Unnamed Form D）标本4

参考文献

毕治国，王贤方，朱鸿，等 . 1988. 皖南震旦系 // 中国地质科学院. 地层古生物论文集. 北京：地质出版社，19: 27–60.

陈孟莪，鲁刚毅，萧宗正. 1994. 皖南上震旦统蓝田组的宏体藻类化石——蓝田植物群的初步研究. 中国科学院地质研究所集刊，7: 252–267.

丁莲芳，李勇，胡夏嵩，等. 1996. 震旦纪庙河生物群. 北京：地质出版社，1–211.

邢裕盛，丁启秀，林蔚兴，等. 1985. 后生动物及遗迹化石 // 邢裕盛等主编，中国晚前寒武纪古生物. 北京：地质出版社，182–192.

邢裕盛，刘桂芝，乔秀夫，等. 1989. 中国的上前寒武系 // 中国地层(3). 北京：地质出版社，1–314.

闫永奎，蒋传仁，张世恩，等. 1992. 浙赣皖南地区震旦系研究. 中国地质科学院南京地质矿产研究所所刊，12: 1–105.

杨瑞东，毛家仁，赵元龙，等. 2001a. 贵州台江中寒武世凯里组中分枝状宏观藻类化石. 地质学报，4: 433–440 .

杨瑞东、毛家仁、赵元龙. 2001b. 贵州中寒武世凯里生物群中宏观藻类化石新材料. 植物学报(英文版)，45(3): 742–749.

杨瑞东. 2006. 贵州凯里生物群藻类化石及古生态学研究. 贵阳：贵州科技出版社，1–89 .

赵元龙. 2011. 凯里生物群. 贵阳：贵州科技出版社，1–251.

朱为庆，陈孟莪. 1984. 峡东上震旦宏体藻类化石的发现. 植物学报，25(4): 558–560.

Briggs D E, Erwin D H, Collier F J, et al. 1994. The fossils of the Burgess Shale. Washington, DC: Smithsonian Institution Press, 1–256.

Brusca R C, Brusca G J. 2003. Invertebrates. 2nd ed. Sunderland. Sinauer Associates, 219–268

Chen L, Xiao S, Pang K , et al. 2014. Cell differentiation and *germ-soma* separation in Ediacaran animal embryo-like fossils. Nature, 516: 238–241.

Hagadorn J W, Xiao S, Donoghue P C J , et al. 2006. Cellular and subcellular structure of neoproterozoic animal embryos. Science. 314: 291–294.

Laflamme M, Xiao S, Kowalewski M. 2009. Osmotrophy in modular Ediacara organisms. Proceedings of the National Academy of Sciences of the United States of America, 106(34): 14438–14443.

Nielsen C. 2012. Animal Evolution: Interrelationships of the Living Phyla. 3rd ed. Oxford: Oxford University Press, 1–402.

Sokolov B S. 1976. Organic World of the Earth on Its Way to the Phanerozoic Differentiation, Vestrik Akademii, Nauk SSSR, 1: 126–143.

Sperling E, Peterson K, Laflamme M. 2011. Rangeomorphs, Thectardis (Porifera?) and dissolved organic carbon in the Ediacaran oceans. Geobiology, 9(1): 24–33.

Steiner M. 1994. Die neoproterozoischen Megaalgen Südchinas. Berliner geowissenschaftliche Abhandlungen (E), 15: 1–146.

Van Iten H, Leme J D M, Marques A C, et al. 2013. Alternative interpretations of some earliest Ediacaran fossils from China. Acta Palaeontologica Polonica, 58(1): 111–113.

Van Iten H, Marques A C, Leme J D M, et al. 2014. Origin and early diversification of the phylum Cnidaria Verrill: major developments in the analysis of the taxon's Proterozoic-Cambrian history. Palaeontology, 57(4): 677–690.

Vidal G, Ford T D. 1985. Microbiotas from the late Proterozoic Chuar Group (northern Arizona) and Uinta Mountain Group (Utah) and their chronostratigraphic implications. Precambrian Research, 28(3–4): 349–389.

Walcott C D. 1899. Pre-Cambrian fossiliferous formations. Geological Society of America Bulletin, 10: 199–244.

Walcott C D. 1919. Middle Cambrian algae (Cambrian geology and palaeontology iv). Smithsonian Miscellaneous Collections, 67: 217–260.

Walter M R, Oehler J H, Oehler D Z. 1976. Megascopic algae 1300 million years old from the Belt Supergroup, Montana: a reinterpretation of Walcott's Helminthoidichnites. Journal of Paleontology, 50(5): 872–881.

Wan B, Xiao S, Yuan X, et al. 2014. *Orbisiana linearis* from the early Ediacaran Lantian Formation of South China and its taphonomic and ecological implications. Precambrian Research, 255: 266–275.

Wan B, Yuan X, Chen Z, et al. 2013. Quantitative analysis of *Flabellophyton* from the Ediacaran Lantian Biota, South China: Application of geometric morphometrics in precambrian fossil research. Acta Geologica Sinica (English Edition), 87(4): 905–915.

Wan B, Yuan X, Chen Z, et al. 2016. Systematic description of putative animal fossils from the early Ediacaran Lantian Formation of South China. Palaeontology, in press.

Xiao S, Yuan X, Steiner M, et al. 2002. Macroscopic carbonaceous compressions in a terminal Proterozoic shale: A systematic reassessment of the Miaohe biota, south China. Journal of Paleontology, 76(2): 347–376.

Xiao S, Zhang Y, Knoll A H. 1998. Three-dimensional preservation of algae and animal embryos in a Neoproterozoic phosphorite. Nature, 391: 553–558.

Yin L, Zhu M, Knoll A H , et al. 2007. Doushantuo embryos preserved inside diapause egg cysts. Nature. 446: 661–663.

Yuan X, Chen Z, Xiao S, et al. 2011. An early Ediacaran assemblage of macroscopic and morphologically differentiated eukaryotes. Nature, 470: 390–393.

Yuan X, Li J, Cao R. 1999. A diverse metaphyte assemblage from the Neoproterozoic black shales of South China. Lethaia, 32(2): 143–155.

Yuan X, Xiao S, Li J, et al. 2001. Pyritized chuarids with excystment structures from the late Neoproterozoic Lantian formation in Anhui, South China. Precambrian Research, 107(3-4): 253–263.

Zhang Y, Yuan X. 1992. New data on multicellular thallophytes and fragments of cellular tissues from late Proterozoic phosphate rocks, South China. Lethaia 25(1): 1–18.

采集蓝田组黑色页岩，进行古环境研究

4 蓝田生物群的古环境

4.1 新元古代重大地质事件和生物事件

新元古代 (距今1000—541 Ma) 是地质历史时期中一个重要的转折时期。在此期间，地球的岩石圈、大气圈、水圈和生物圈都发生了一系列的重大事件，并对之后的地球系统产生了深远的影响。

新元古代早期Rodinia超级大陆的进一步汇聚、超级地幔柱的活动，以及随后Rodinia超级大陆的解体，使得全球的构造格局发生了重大变化 (Powell et al., 1993; Li, 1999; Li et al., 2002; Li et al., 2002, 2003, 2008; Wang and Li, 2003)。新元古代中期全球性的极度寒冷事件（“雪球地球”）对地球的水圈、生物圈以及海洋地球化学循环过程产生了根本的影响 (Kirschvink, 1992; Hoffman et al., 1998; Hoffman and Schrag, 2000, 2002) (图4.1)。

冰期前大气氧含量相对较低，海水分层明显，表层海水被氧化，但海洋深部还处于还原状态。冰期前的生物圈以原核生物为主体，真核生物的分异度相对较低，生态系统也主要由叠层石-微生物席组成。冰期后的埃迪卡拉纪乃至寒武纪早期，大气中氧含量有一个明显升高，整个海洋逐步被氧化。单细胞真核生物和多细胞真核生物都发生了明显辐射，以“高等生命”为主体的底栖生态系统在地球生物圈中占据了越来越重要的位置。

新元古代大冰期末期，地球大气圈中的CO_2累积到了较高浓度，其产生的温室效应结束了全球性极端寒冷气候 (Bao et al., 2008)。之后，埃迪卡拉纪出现了一系列以真核多细胞生物为主体的生物群，如，蓝田生物群 (Yuan et al., 1999, 2011, 2013)、瓮安生物群 (袁训来等, 1993; Xiao et al., 2014)、陡山沱组硅化微体生物群 (Yin et al., 2007; Zhou et al., 2007; Liu et al., 2014)、庙河生物群 (丁连芳等, 1996; Xiao et al., 2002)、埃迪卡拉生物群 (Narbonne, 2005; Xiao and Laflamme, 2009) 和高家山生物群 (张录易等, 1986; 华洪等, 2000) 等，它们指示复杂多细胞生物在埃迪卡拉纪发生了快速的演化。

从宏观尺度来看，新元古代这些重大地质和生物事件之间很可能存在密切的内在联系。超级地幔柱的活动可能是导致Rodinia超级大陆裂解的直接原因 (Li et al., 2002; Li et al., 2003)。Rodinia超级大陆裂解增加了地表径流，加剧了地球表面的风化作用，从而进一步消耗了大气中的CO_2，CO_2含量的降低使得地球从“温室效应”转变为“冰室效应”，并最终导致了“雪球地球”的形成 (Donnadieu et al., 2004)。冰期时化学风化作用的强度减

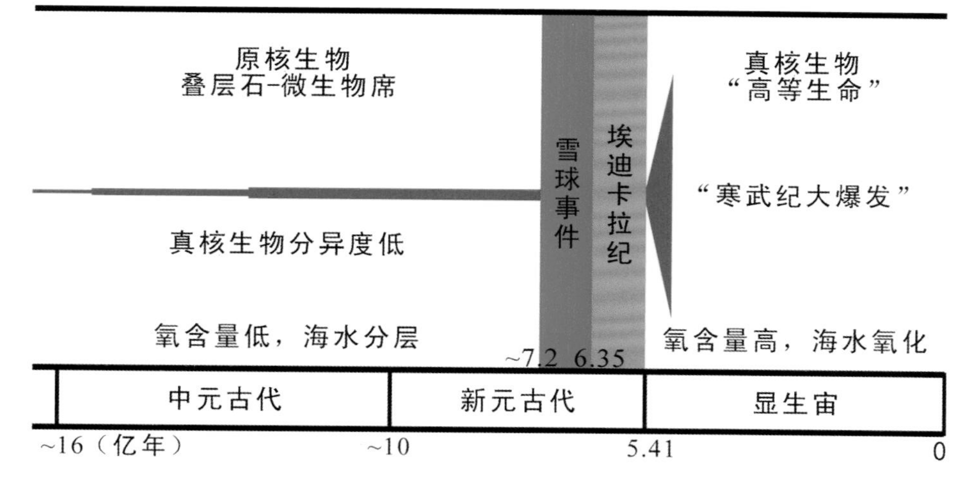

图4.1　新元古代大冰期前后生物圈和环境变化示意图

弱，但火山作用继续向大气中释放大量CO_2，使大气圈中CO_2浓度稳步回升，当其累积到一定浓度时，其引发的“温室效应”，导致“雪球地球”瓦解 (Hoffman et al., 1998; Bao et al., 2008)。大冰期极度的寒冷气候虽然不利于生物的生存和繁衍，但是其产生的瓶颈效应可能为冰期之后多细胞真核生物的快速出现和演化提供了先决条件 (Hoffman et al., 1998; Hoffman, 1999; Hyde et al., 2000; Peterson et al., 2005; McCall, 2006; Maruyama et al., 2008)。

大陆在冰期期间主要以物理风化为主，积累了大量陆源碎屑物质，冰期之后温暖湿润的气候使化学风化作用大大加强，伴随着大量陆源碎屑物质和淡水的注入，使得当时的浅海可能在一个较短的时间内形成一个温暖、低盐、富营养的环境，这种环境有利于浮游低等藻类的大量繁盛 (Planavsky et al., 2010)。沉积作用把这些还原性有机物质以黑色页岩的形式进入岩石圈，浮游低等藻类产生的氧气必定呈游离态大量带入大气圈，使大气和浅海中的氧含量在一个相对较短的时间内可能有一个明显的升高 (Campbell et al., 2010)。氧气含量的变化直接影响着真核生物的兴衰，新元古代大冰期之前的20多亿年的地球历史期间，氧气的缺乏很可能是导致真核生物进化缓慢的主要原因 (Cloud, 1972; Javaux et al., 2004)。最近的研究表明，在新元古代全球性冰期结束后不久，地球海洋和大气圈即发生了显著的氧化事件 (Sahoo et al., 2012)，这次氧化事件与埃迪卡拉纪早期真核生物的辐射在时间上相吻合。

4.2 蓝田组黑色页岩的古环境

地质历史时期古环境的恢复需要对岩层中包含的地质学信息进行提取和分析。蓝田生物群保存在埃迪卡拉系蓝田组二段的黑色泥页岩中，本研究通过沉积岩石学、矿物学、古生物学和地球化学等方法对这套黑色页岩进行研究，探讨蓝田生物群生活和埋藏的环境背景，本部分内容已发表 (Guan et al., 2014)。

4.2.1 沉积岩石学观察

沉积岩石学的研究，不仅可以揭示岩石的组成成分、结构构造和成岩演化，对沉积环境和古地理分析等提供重要的依据，同时，沉积岩石学研究也是进行各种地球化学分析时测试样品选择和数据分析的基础。

岩石样品来自休宁县境内沿G205国道出露的蓝田剖面 (图4.2)。首先，把新鲜的黑色页岩打磨成岩石光面并在实体镜下观察，发现其中发育明暗相间的微层理，单个微层厚0.2～2.0 mm (图4.3)。一些微层可见顺层分布的团块状黄铁矿 (图4.4)。其次，对该页岩进行岩石切片，从薄片中可以观察到，页岩的主要组成为粉砂级石英颗粒、黏土矿物、有机质和黄铁矿，不同的微层之间石英颗粒粒径没有明显差异，明暗相间的微层理是由有机质或者黄铁矿含量变化造成的 (图4.5)。

野外露头以及室内岩石光面和薄片观察显示，蓝田组黑色页岩中不发育波痕、交错层理等指示强水动力作用的沉积构造，同时也没有重力流作用形成的粗碎屑颗粒沉积层及粒序层理等沉积构造，表明蓝田组黑色页岩沉积于安静水体环境，以悬浮的石英和有机质等微颗粒以及化学沉积的草莓状黄铁矿沉积为主。

沉积学和岩石学的研究可以推断蓝田组二段黑色页岩主要沉积于最大浪基面以下的静水环境中，而生物学又表明蓝田生物群的生存需要阳光，因此可以进一步推断蓝田组黑二段黑色页岩沉积于透光带以内，水深为50～200 m。

4.2.2 全岩微量元素分析

在古环境研究中，地球化学方法是常用的手段之一。沉积岩石中的微量元素特征有助于我们了解沉积水体的物理化学性质，特别是对氧含量的定性估算效果明显。本研究尝试利用微量元素对蓝田组黑色页岩的沉积环境进行分析。

氧化还原敏感微量元素 (RSTE, Redox sensitive trace element, 包括Mo、U和V等) 常在黑色页岩中富集。RSTE在氧化水体中具有较大的溶解度，当水体转变为还原时，溶解度会降低，从而在沉积物中富集 (Calvert and Pedersen, 1993; Algeo, 2004; McManus et al., 2006)。Algeo (2004) 和Tribovillard 等 (2006) 通过研究发现，Mo、U、V相对于Co、Cr、Ni、Th等元素，对于水体的氧化还原环境的变化更加敏感。在氧化水体中，以上两类元素均不富集，但是在还原水体中Mo、U和V富集程度明显增加，而Co、Cr、Ni和Th则变化不大。同时，Scott 和 Lyons (2012) 通过对现代海洋沉积的研究，发现Mo在现代沉积物中的含量呈双峰式。当底层水体为次氧化和氧化时，硫化物只能稳定地存在于沉积物的孔隙水之中，此时的沉积物Mo的平均含量为$\sim 10 \times 10^{-6}$，很少超过20×10^{-6}；而当底层水体为缺氧硫化时，如果水体与外界交换畅通，沉积物中的Mo通常能够超过60×10^{-6}，甚至达到100×10^{-6}；而季节性间歇硫化的水体，其沉积物的Mo值通常介于以上两个端元之间 (Francois, 1988)。若沉积水体与外界交换不畅，或

图4.2 蓝田组二段黑色页岩

图4.3 蓝田组黑色页岩光面
显示微层理构造。

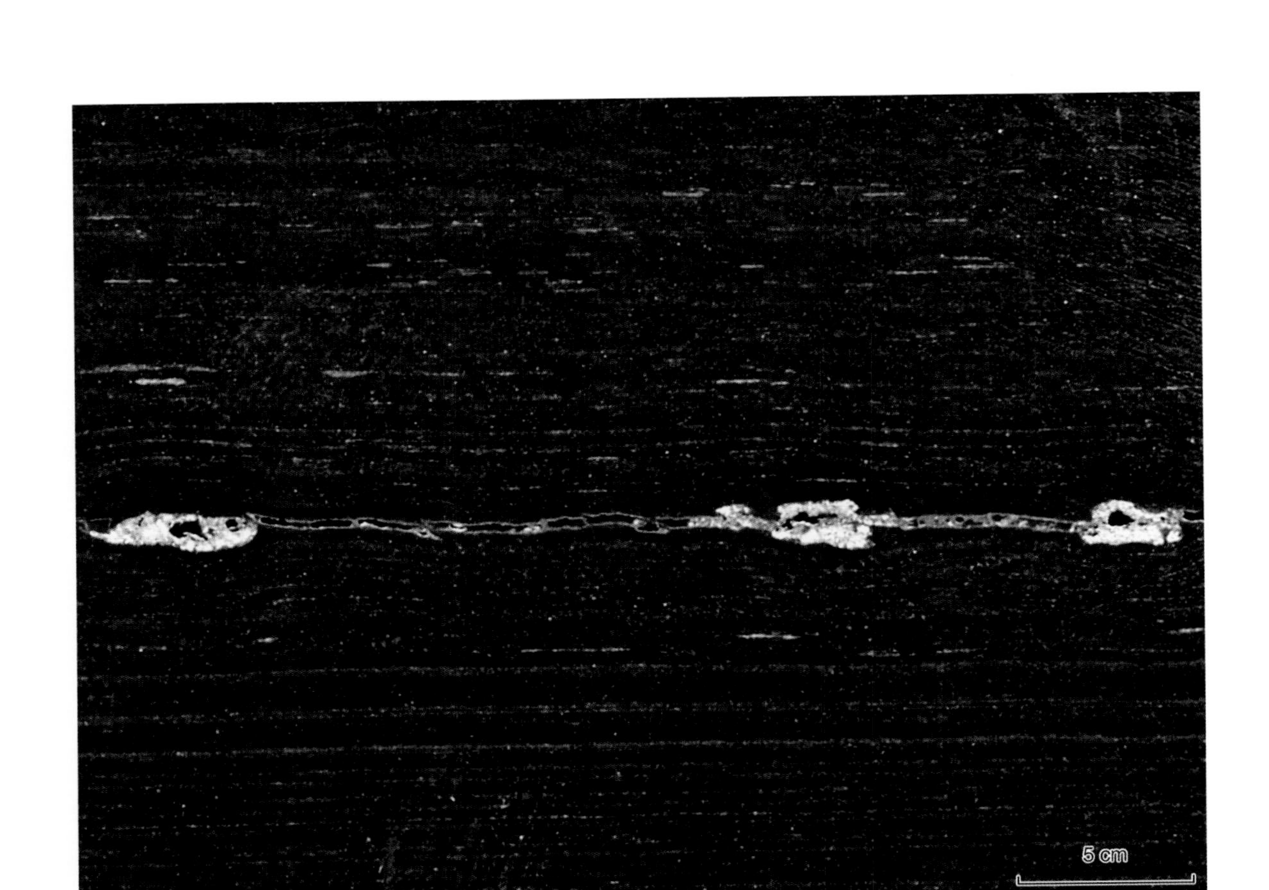

图4.4　皖南蓝田组黑色页岩中顺层分布的黄铁矿

图4.5　蓝田组黑色页岩岩石薄片照片
显示微层理由有机质含量多少来显现。

者Mo的来源有限时，由于水体中的Mo含量降低，沉积物中的Mo含量也会相应降低 (Algeo, 2004; Algeo and Lyons, 2006)。因此，RSTE的绝对含量和富集系数可用来指示氧化还原环境，但是在利用RSTE含量指示氧化还原环境的时候务必要考虑水体中的RSTE含量的影响 (Algeo and Lyons, 2006; Lyons et al., 2009)。

本研究对蓝田组岩石样品进行了Mo、U、V、Co、Cr、Ni和Th等微量元素分析。蓝田露头剖面产蓝田生物群层位黑色页岩样品的Mo、U和V含量分别为 (0.4～13.0) $\times 10^{-6}$、(2.1～14.8) $\times 10^{-6}$和 (96.4～596.2) $\times 10^{-6}$，三者总体均表现出从下至上逐渐降低的趋势；Co、Cr、Ni和Th的含量分别为0.2～15.9、51.3～90.4、0～70.4和6.4～14.4，这四种元素在整个剖面上分布相对比较均匀 (图4.6)。详细的测试结果见表4.1。

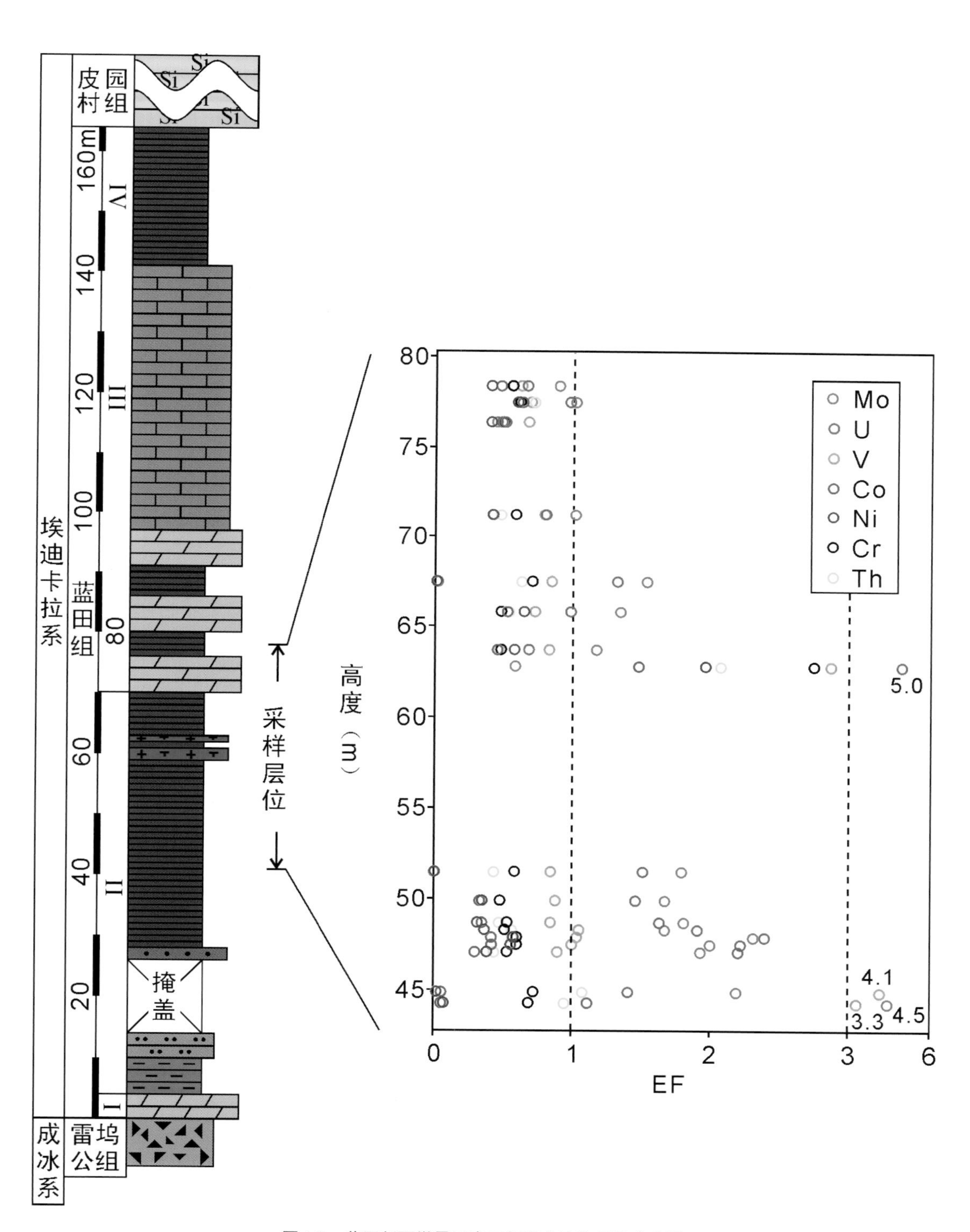

图4.6 蓝田剖面微量元素Ti标准化富集系数分布图

表 4.1 蓝田剖面全岩样品和 LT-04 微层样品微量元素含量和 EF 值

样品编号	高度 (m)[b]	Mo ($\times10^{-6}$)	U ($\times10^{-6}$)	V ($\times10^{-6}$)	Co ($\times10^{-6}$)	Cr ($\times10^{-6}$)	Ni ($\times10^{-6}$)	Th ($\times10^{-6}$)	Ti ($\times10^{-6}$)	EF_{Mo}	EF_U	EF_V	EF_{Co}	EF_{Cr}	EF_{Ni}	EF_{Th}
平均页岩[a]		2.6	3.7	130.0	19.0	90.0	68.0	12.0	4 600							
LT-02	78.4	3.5	3.6	115.8	13.3	73.5	41.1	9.6	6 813	0.91	0.66	0.60	0.47	0.55	0.41	0.54
LT-04d-01	77.5	4.3	5.8	135.1	19.8	84.3	72.7	15.7	8 037	0.95	0.89	0.59	0.60	0.54	0.61	0.75
LT-04d-03	77.5	4.6	5.7	124.6	20.8	82.0	75.7	12.7	7 514	1.09	0.94	0.59	0.67	0.56	0.68	0.65
LT-04d-06	77.5	2.4	4.6	114.7	10.9	68.0	42.4	12.0	6 403	0.66	0.90	0.63	0.41	0.54	0.45	0.72
LT-04d-09	77.5	3.9	4.4	118.6	22.4	74.1	83.5	11.4	7 036	0.98	0.78	0.60	0.77	0.54	0.80	0.62
LT-04c-01	77.5	4.6	3.8	100.2	17.4	60.7	61.6	9.7	5 503	1.48	0.86	0.64	0.77	0.56	0.76	0.67
LT-04c-02	77.5	4.7	4.4	112.0	14.6	69.0	49.4	11.0	6 601	1.26	0.82	0.60	0.54	0.53	0.51	0.64
LT-04c-03	77.5	2.9	3.5	106.8	12.9	61.0	43.7	9.0	5 454	0.93	0.80	0.69	0.57	0.57	0.54	0.64
LT-04c-04	77.5	2.3	3.8	102.6	13.5	58.9	45.2	9.3	5 217	0.79	0.90	0.70	0.62	0.58	0.59	0.68
LT-04b-01	77.5	1.6	2.5	65.6	9.2	44.1	27.6	5.5	3 123	0.93	1.01	0.74	0.71	0.72	0.60	0.67
LT-04b-04	77.5	1.2	2.1	57.1	8.2	38.9	20.5	4.6	2 717	0.79	0.97	0.74	0.73	0.73	0.51	0.65
LT-04b-06	77.5	3.2	3.0	82.5	11.4	47.7	37.5	6.6	4 259	1.35	0.87	0.69	0.65	0.57	0.6	0.59
LT-04b-09	77.5	1.8	3.3	81.7	9.3	46.2	29.7	7.3	4 603	0.67	0.90	0.63	0.49	0.51	0.44	0.61
LT-04a-01	77.5	5.0	5.9	145.4	22.4	83.0	51.5	13.9	7 969	1.11	0.93	0.65	0.68	0.53	0.44	0.67
LT-04a-02	77.5	3.9	3.4	81.4	11.7	57.6	41.0	8.0	4 601	1.48	0.92	0.63	0.62	0.64	0.6	0.67
LT-04a-03	77.5	1.6	3.1	77.3	7.6	47.6	23.1	6.9	3 786	0.72	1.03	0.72	0.48	0.64	0.41	0.70
LT-04a-06	77.5	2.9	6.5	156.4	14.5	113.6	56.7	21.7	4 315	1.17	1.88	1.28	0.82	1.35	0.89	1.93
LT-04a-08	77.5	1.3	3.2	80.9	15.2	45.7	38.0	6.6	6 331	0.36	0.62	0.45	0.58	0.37	0.41	0.40
LT-04-02[c]	77.5	1.8	3.2	81.0	9.8	49.7	37.5	7.5	4 368	0.73	0.91	0.66	0.54	0.58	0.58	0.65
LT-04-03[c]	77.5	2.6	3.6	88.0	9.6	52.7	36.9	8.0	4 663	0.98	0.96	0.67	0.50	0.58	0.54	0.65
LT-04[c]	77.5	3.0	4.0	100.6	13.8	62.4	46.0	9.9	5 395	0.97	0.94	0.68	0.62	0.59	0.58	0.70

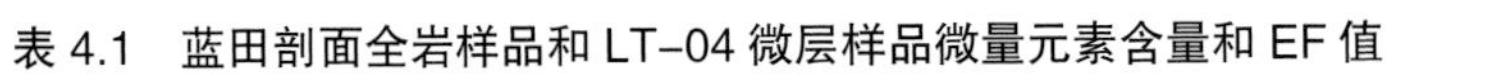

（续表）

样品编号	高度 (m)[b]	Mo ($\times10^{-6}$)	U ($\times10^{-6}$)	V ($\times10^{-6}$)	Co ($\times10^{-6}$)	Cr ($\times10^{-6}$)	Ni ($\times10^{-6}$)	Th ($\times10^{-6}$)	Ti ($\times10^{-6}$)	EF_{Mo}	EF_U	EF_V	EF_{Co}	EF_{Cr}	EF_{Ni}	EF_{Th}
LT-08	76.4	1.4	2.1	102.8	11.3	51.3	32.2	6.9	5 475	0.45	0.48	0.66	0.50	0.48	0.40	0.48
LT-14	71.2	4.3	4.7	160.3	12.4	81.4	45.4	8.8	7 283	1.03	0.80	0.78	0.41	0.57	0.42	0.46
LT-20	67.5	5.8	7.0	157.5	1.1	90.4	2.3	10.7	6 655	1.55	1.31	0.84	0.04	0.69	0.02	0.61
LT-23	65.8	5.7	6.9	147.0	15.9	69.1	70.4	10.1	7 379	1.36	1.16	0.70	0.52	0.48	0.65	0.52
LT-28	63.7	5.1	4.2	177.0	14.4	70.5	65.6	9.2	7 686	1.18	0.67	0.81	0.45	0.47	0.58	0.46
LT-30	62.8	0.4	4.8	96.4	7.3	64.0	34.6	6.4	1 191	0.59	5.00	2.87	1.48	2.74	1.96	2.04
LT-38	51.5	8.0	9.7	185.0	0.2	88.9	0.0	8.7	7 894	1.80	1.52	0.83	0.01	0.58	0.00	0.42
LT-41	49.9	9.1	11.2	234.0	13.0	86.2	49.9	8.5	9 505	1.69	1.47	0.87	0.33	0.46	0.35	0.34
ZB-144	48.7	7.2	9.1	162.4	10.0	71.3	32.6	8.3	6 934	1.83	1.63	0.83	0.35	0.53	0.32	0.46
ZB-145	48.3	7.7	12.5	239.3	12.2	81.2	43.4	11.6	8 081	1.68	1.92	1.05	0.36	0.51	0.36	0.55
ZB-146	47.9	8.8	13.0	193.5	11.4	76.9	56.8	9.8	6 731	2.32	2.40	1.02	0.41	0.58	0.57	0.56
ZB-147	47.5	7.3	11.3	177.1	10.8	73.0	52.7	9.1	6 347	2.02	2.22	0.99	0.41	0.59	0.56	0.55
ZB-150	47.1	9.2	14.8	209.3	10.0	84.8	47.0	9.3	8 339	1.95	2.20	0.89	0.29	0.52	0.38	0.43
LT-48	44.9	6.5	5.9	596.2	1.0	73.3	2.5	14.4	5 203	2.20	1.41	4.06	0.05	0.72	0.03	1.06
LT-50	44.3	13.0	4.6	475.6	1.1	68.1	5.3	12.4	5 096	4.50	1.12	3.30	0.05	0.68	0.07	0.93

[a] 平均页岩元素含量参考 (Wedepohl, 1971)。
[b] 高度表示样品距蓝田组一段盖帽白云岩顶部的距离。
[c] LT-04-02和LT-04-03均为全岩样品，LT-04代表所有微层和以上两块全岩样品的平均值。

4.2.3 微量元素的古环境意义

蓝田剖面黑色页岩的U、V和Mo含量与上扬子区陡山沱组二段和四段的黑色页岩以及蓝田地区寒武系荷塘组黑色页岩相比，含量明显偏低 (Bristow et al., 2009; Scott et al., 2008; Zhou and Jiang, 2009; Sahoo et al., 2012)。蓝田剖面黑色页岩的Co、Cr、Ni、Th、U、V和Mo的Ti标准化富集系数[EF, $EF_{element\ X}$= (X/Ti) $_{样品}$/ (X/Ti) $_{平均页岩}$]分别为0.01～1.48、0.37～2.74、0.00～1.96、0.34～2.04、0.48～5.00、0.45～4.06和0.36～4.50 (表4.1)。总体上表现为轻度富集Mo、U和V，并且从下至上表现为逐渐降低，中部部分样品含量再次增高；而Co、Cr、Ni和Th轻度缺失，在整个剖面并无显著的变化趋势 (图4.6)。沉积速率的变化不仅会影响到黑色页岩的TOC含量，同时也会影响到RSTE的含量。但是，岩石学的研究表明，蓝田组富含化石的黑色页岩不同微层之间的颗粒粒径并无显著差异，表明当时沉积速率相对比较稳定。根据Mo含量在现代海洋的分布 (Scott et al., 2012) 来解释蓝田组的沉积环境，表明蓝田组黑色页岩均沉积于非硫化的环境之中。然而Shen等 (2008) 通过对蓝田组黑色页岩的铁组分和黄铁矿硫同位素的研究表明，蓝田盆地埃迪卡拉纪早期基本是缺氧硫化的环境，这和蓝田组微量元素的含量似乎存在一定的矛盾。除水体的氧化还原状态外，沉积物中RSTE的浓度还同时受控于水体中的RSTE含量以及水体和外界是否联通 (Algeo and Lyons, 2006; Lyons et al., 2009; Reinhard et al., 2013)。曹瑞骥等 (1989) 对华南古地理的研究，表明蓝田地区在新元古代并非类似于现代黑海的局限海盆。同时，Scott et al. (2008) 对全球范围内黑色页岩的研究表明，海洋中Mo含量的快速增加发生在551 Ma左右，晚于蓝田生物群的时代。结合以上各种证据，笔者认为，接近于平均地壳的Mo含量并不是当时底层水体氧化/次氧化的结果，而是海水中Mo含量低的产物；而蓝田组黑色页岩主要沉积于缺氧还原的水体之中。

4.2.4 蓝田组黑色页岩微层草莓状黄铁矿分析及其古环境意义

黑色页岩全岩地球化学分析表明蓝田生物群的产出层段主体沉积于缺氧环境之中，这与该生物群的化石生物学指示的环境不符，蓝田生物群中的绝大部分分子为底栖固着的宏体生物化石，它们生活时需要含氧的水体。

众所周知，现有的地球化学研究多以黑色页岩全岩样品为研究对象。由于富含有机质的细粒沉积物一般为悬浮沉积，沉积速率很慢，因此一块黑色页岩全岩样品可能代表了数千年甚至更长时间的沉积纪录。如果在该段时期内古海洋底层水体的氧化还原条件发生了变化，那么这种变化在全岩样品的分析中是难以得到体现。我们尝试开展蓝田生物群产出层段黑色页岩微层级别上的草莓状黄铁矿、硫同位素和微量元素的分析，重点阐述蓝田生物群的生存环境以及死亡后的埋藏环境。

1. 草莓状黄铁矿的粒径分析

黄铁矿是沉积岩中一种常见的矿物。Wilkin 等 (1996) 通过对现代沉积物的研究发现，硫化环境下形成的草莓状黄铁矿的平均粒径为5.0 ± 1.7 μm，其中粒径大于10 μm的草莓状黄铁矿占全部黄铁矿的比率 (P_T) 通常小于4%，而在氧化的底层水体环境下形成的草莓状黄铁矿的平均粒径为7.7 ± 4.1 μm，P_T可以达到10%～50%。不仅平均粒径存在显著差异，在不同的氧化还原环境下形成的草莓状黄铁矿也具有不同的最大粒径 (Maximum Framboid Diameter, MFD)，在还原的底层水体中形成的草莓状黄铁矿的MFD通常不会超过20 μm，而在氧化环境中形成的草莓状黄铁矿的MFD却经常超过20 μm (Wignall, 1998; Wilkin, 2001; Nielsen, 2004)。因此可以利用草莓状黄铁矿的粒径来指示沉积时底层水体的氧化还原状态，这种方法已经被广泛使用，并取得较好的效果 (Wilkin et al., 1997; Wignall et al., 2005; Chang et al., 2009; Zhou, 2009; Wang et al., 2012)。

本研究对象是蓝田剖面的蓝田生物群产出层段，重点分析化石产出层位上-中-下的LT-04、LT-23和LT-50三块黑色页岩样品。另外，本研究还对保存有宏体化石的黑色页岩层面进行草莓状黄铁矿形态观察和粒径统计。

通过扫描电镜的观察发现，草莓状黄铁矿是蓝田组黑色页岩中一种非常常见的矿物 (图4.7)，它们在黑色页岩中广泛分布，在没有风化的化石中，草莓状黄铁矿常聚集成群 (图4.8)。在扫描电镜背散射模式下，一共可以识别出三种不同类型的黄铁矿。第一类黄铁矿为典型的草莓状黄铁矿，由亚微米级微细黄铁矿晶体紧密聚集而成 (图4.9)，这类黄铁矿在样品中最为常见，是黑色页岩中黄铁矿的主要产出形式。第二类黄铁矿和第一类较为类似，但是微晶黄铁矿聚集不够紧密 (图4.10)，该类草莓状黄铁矿通常具有相对较大的粒径。第三类黄铁矿为自形黄铁矿 (图4.11)，这类黄铁矿常和草莓状黄铁矿伴生，其

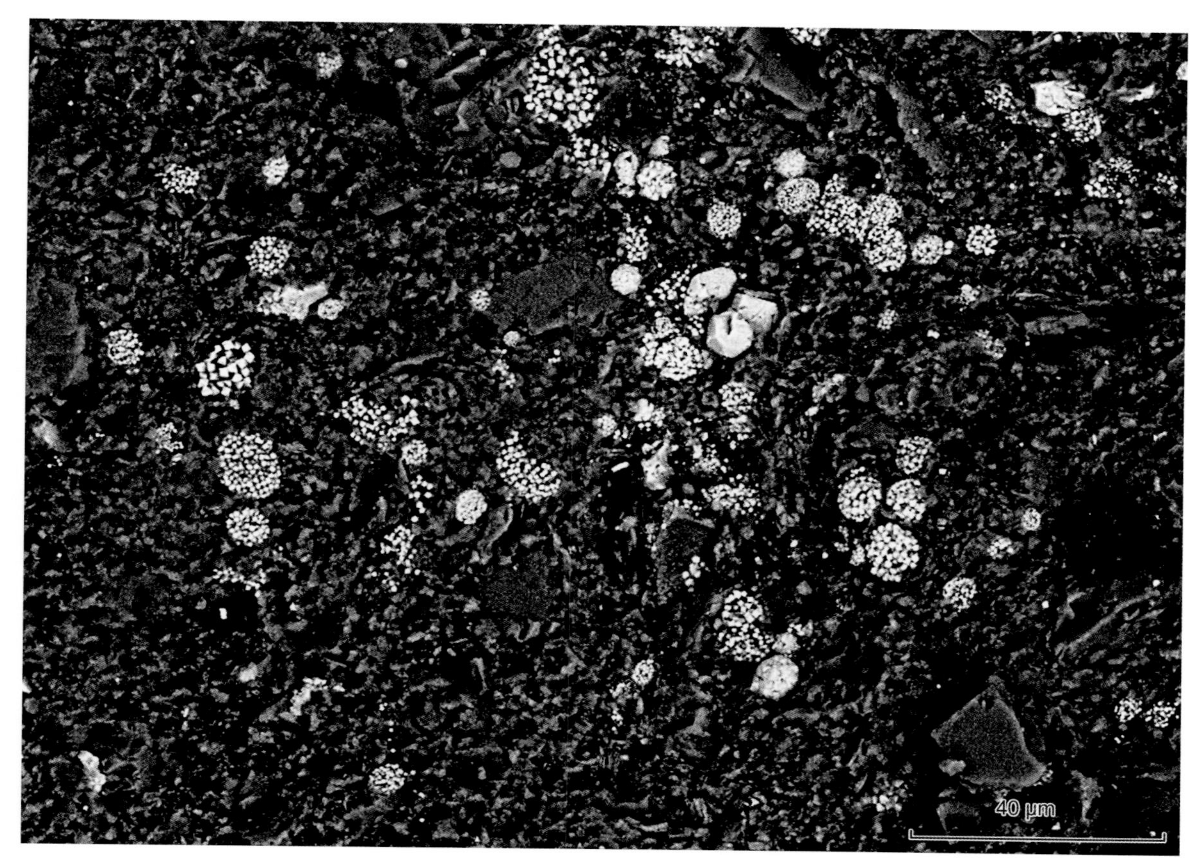

图4.7 蓝田组黑色页岩中广泛分布的草莓状黄铁矿

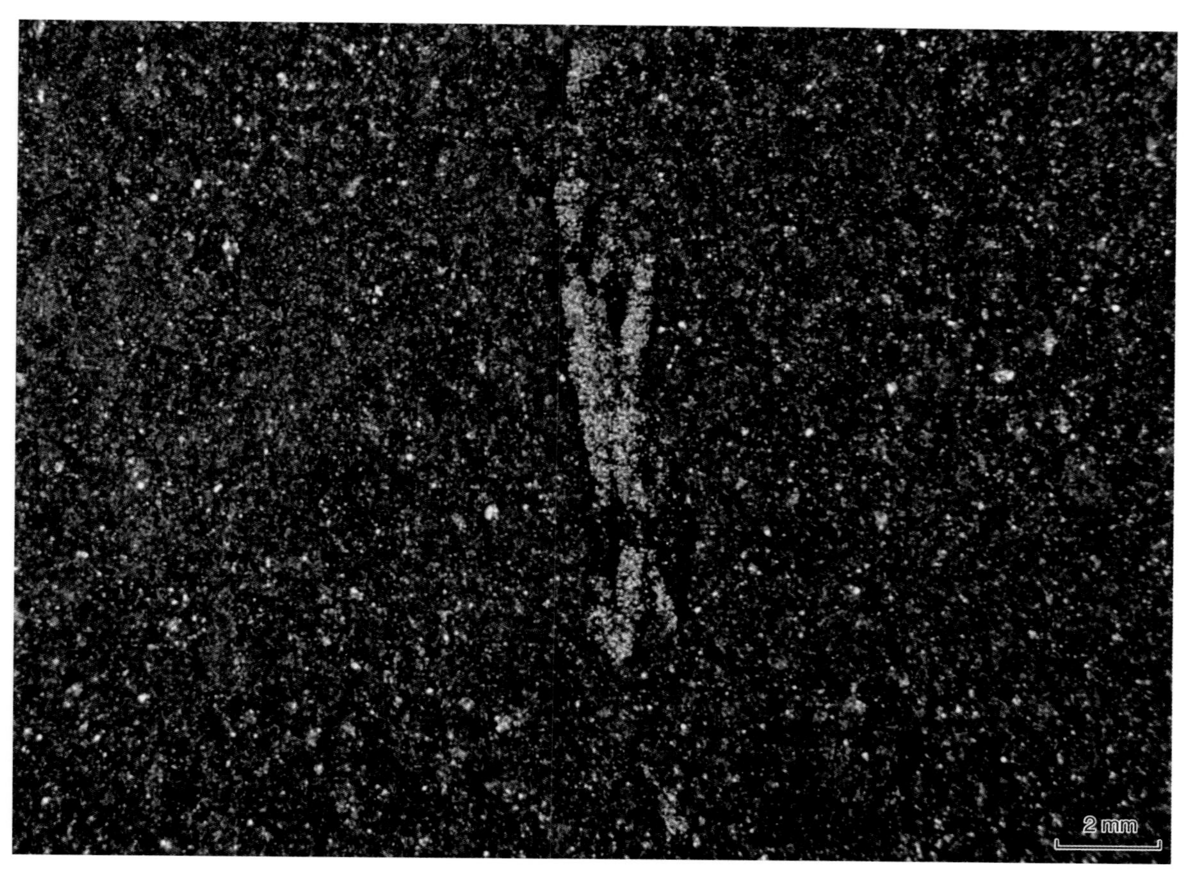

图4.8 黄铁矿化的宏体化石

图4.9 典型的草莓状黄铁矿

图4.10 排列较为松散的草莓状黄铁矿

图4.11 自形黄铁矿

图4.12 草莓状黄铁矿和后期改造的自形黄铁矿

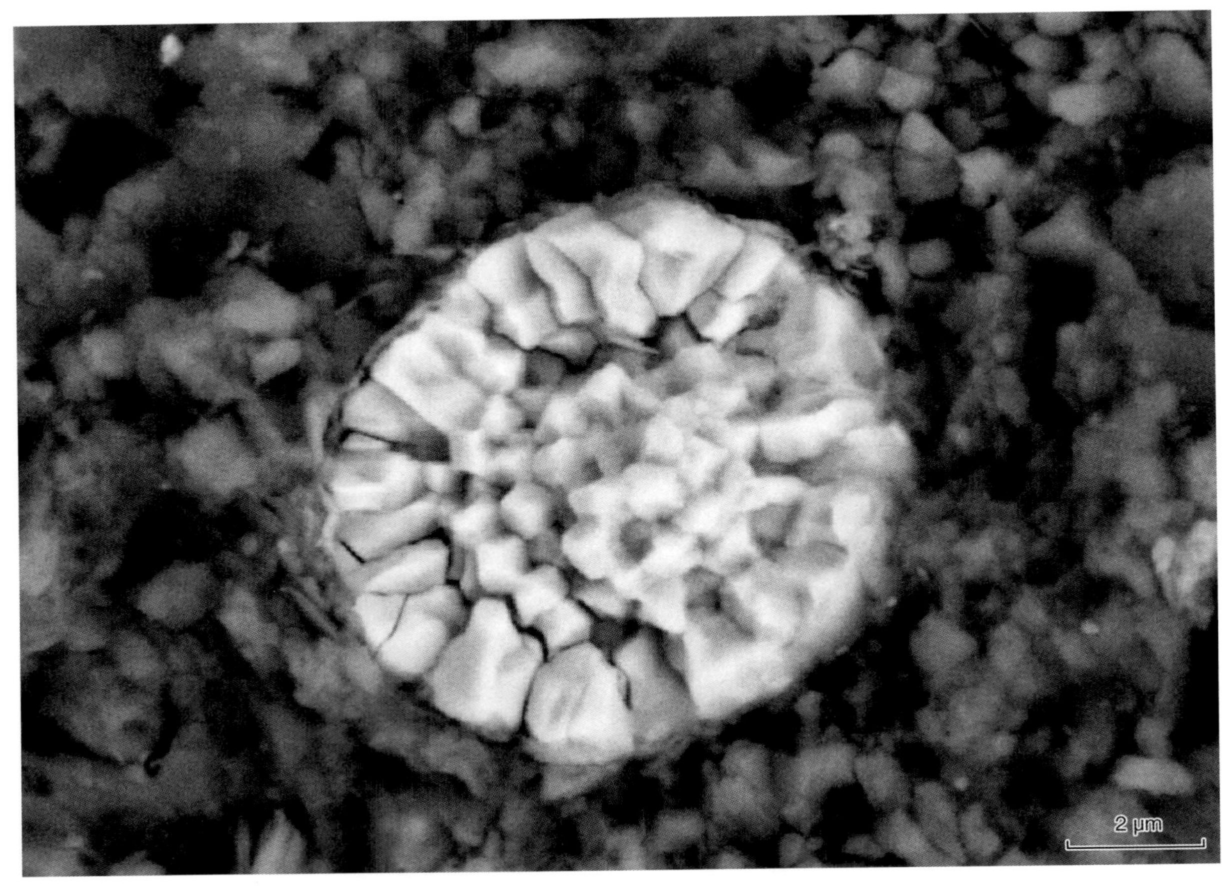

图4.13 具镶边结构的草莓状黄铁矿

中部分还保存了草莓状黄铁矿的结构特征 (图4.12)，很可能是草莓状黄铁矿后期重结晶的产物。第二类和第三类黄铁矿在岩石中含量较少。除了以上三种黄铁矿，在扫描电镜下，还发现了极个别的草莓状黄铁矿外部有一个包壳 (图4.13)。在草莓状黄铁矿粒径的统计中，仅统计第一类原生的草莓状黄铁矿。

对LT-04、LT-23和LT-50样品分别进行了30、28和35个微层的草莓状黄铁矿粒径统计。LT-04样品各微层的草莓状黄铁矿平均粒径介于5.6 μm和9.8 μm之间，MFD为10.9～29.2 μm，P_T为1.4%～41.4%；LT-23样品各微层的草莓状黄铁矿的平均粒径为4.7～7.7 μm，MFD为7.9～24.5 μm，P_T为0～23.9%；LT-50样品各微层的草莓状黄铁矿的平均粒径为5.3～7.5 μm，MFD为10.3～24.8 μm，P_T为0.5%～18.0%。

化石保存层的草莓状黄铁矿与上述三个样品相比，粒径总体偏小，平均粒径为4.7～6.2 μm，MFD为11.2～19.4 μm，P_T为0～10.7%。

所有微层和化石保存层草莓状黄铁矿的统计数据，包括统计数目、平均粒径、MFD、标准差 (Standard Deviation, SD)、偏度系数 (Skewness, SK) 和P_T见表4.2。

表4.2 黑色页岩微层和化石中的草莓状黄铁矿粒径统计结果以及微层 $\delta^{34}S_{Py}$

样品编号	统计数	平均粒径(μm)	MFD(μm)	标准差	偏度系数	P_T (%)	$\delta^{34}S_{Py}$ (‰ VCDT)
LT-04d-01	202	7.5	21.2	3.1	1.4	19.3	−3.3
LT-04d-02	155	5.8	17.2	2.0	1.9	3.2	−15.5
LT-04d-03	193	6.5	22.1	2.8	2.5	7.8	−5.3
LT-04d-04	200	6.5	23.8	3.1	2.4	11.0	−12.6

（续表）

样品编号	统计数	平均粒径 (μm)	MFD(μm)	标准差	偏度系数	P_T (%)	$\delta^{34}S_{Py}$ (‰ VCDT)
LT–04d–05	216	5.7	16.3	2.3	1.7	4.6	−4.4
LT–04d–06	204	6.3	15.2	2.2	0.8	5.4	−2.0
LT–04d–07	206	5.8	15.1	2.2	1.9	3.9	−4.3
LT–04d–08	204	6.1	18.4	2.4	1.6	7.8	−15.4
LT–04d–09	207	6.7	14.6	2.3	0.6	10.6	
LT–04c–01	200	5.9	19.7	1.9	3.6	3.5	−7.4
LT–04c–02	207	8.0	29.2	4.8	1.4	27.5	−7.7
LT–04c–03	203	7.8	25.8	3.9	1.9	17.2	−8.6
LT–04c–04	205	9.8	28.5	5.3	1.4	41.5	−13.1
LT–04b–01	134	6.3	13.0	1.9	0.9	5.2	−2.8
LT–04b–02	212	6.1	13.7	2.3	0.7	6.1	−4.1
LT–04b–03	203	6.1	13.9	2.0	0.3	3.0	−5.0
LT–04b–04	211	6.0	20.3	2.5	1.7	5.2	2.3
LT–04b–05	205	6.2	17.6	2.3	1.1	3.9	1.9
LT–04b–06	205	6.8	13.9	2.3	0.1	6.8	−15.0
LT–04b–07	204	6.3	18.2	2.4	0.7	7.8	−11.4
LT–04b–08	208	5.9	15.9	2.1	0.9	4.8	−7.9
LT–04b–09	206	6.2	15.5	2.1	0.9	4.9	−4.3
LT–04a–01	204	6.2	15.4	2.0	1.0	2.9	−18.9
LT–04a–02	202	6.9	16.4	2.5	1.0	8.4	−12.1
LT–04a–03	207	5.6	10.9	1.8	0.1	1.4	−12.3
LT–04a–04	201	6.5	12.1	2.0	−0.2	3.0	−17.2
LT–04a–05	204	6.6	13.6	2.4	0.6	9.3	−19.7
LT–04a–06	206	7.1	16.4	2.4	0.5	13.1	−20.5
LT–04a–07	207	5.6	14.3	1.8	0.9	1.4	−14.3
LT–04a–08	204	5.9	19.9	2.2	2.1	4.9	−4.8
LT–23c–01	205	5.8	16.7	2.2	2.1	4.4	
LT–23c–02	205	5.6	15.3	1.9	1.5	2.9	
LT–23c–03	205	5.1	10.8	1.3	1.0	4.9	
LT–23c–04	205	4.7	9.1	1.3	0.5	0.0	
LT–23c–05	205	4.7	9.4	1.2	0.3	0.0	
LT–23c–06	204	6.6	14.7	2.8	1.0	15.2	
LT–23c–07	205	6.6	15.8	3.1	1.0	17.6	
LT–23c–08	205	7.7	24.5	4.4	1.7	20.5	
LT–23c–09	205	5.3	13.6	2.0	1.7	4.9	

（续表）

样品编号	统计数	平均粒径(μm)	MFD(μm)	标准差	偏度系数	P_T (%)	$\delta^{34}S_{Py}$ (‰ VCDT)
LT-23c-10	205	6.3	14.8	2.7	1.4	11.2	
LT-23c-11	205	7.0	18.9	3.3	0.8	20.0	
LT-23c-12	205	6.2	16.5	2.2	1.4	7.8	
LT-23c-13	205	6.0	22.9	3.0	2.9	7.8	
LT-23b-01	204	7.6	16.9	2.9	0.9	21.6	
LT-23b-02	205	7.7	21.2	3.5	1.1	23.9	
LT-23b-03	205	7.2	14.0	2.4	0.1	13.2	
LT-23b-04	205	7.5	16.1	2.8	0.8	15.1	
LT-23b-05	205	5.2	14.2	1.6	2.5	3.4	
LT-23b-06	208	7.2	18.1	2.7	1.0	15.9	
LT-23b-07	208	7.3	17.2	2.9	0.5	19.7	
LT-23b-08	206	4.7	7.9	1.2	0.2	0.0	
LT-23a-01	201	6.6	13.9	2.1	0.5	5.5	
LT-23a-02	202	6.6	17.1	3.0	1.1	12.4	
LT-23a-03	204	7.2	12.8	2.1	0.4	11.3	
LT-23a-04	205	7.5	15.1	2.4	0.5	13.2	
LT-23a-05	205	6.1	13.8	2.2	0.9	5.4	
LT-23a-06	205	5.2	14.7	1.7	1.5	2.0	
LT-23a-07	205	7.0	11.7	2.0	0.0	7.3	
LT-50a-01	205	6.0	23.9	2.6	2.4	5.4	
LT-50a-02	205	6.2	15.6	2.3	1.2	6.3	
LT-50a-03	205	6.0	17.9	2.3	1.7	4.9	
LT-50a-04	207	5.9	14.6	2.1	0.5	4.3	
LT-50a-05	205	5.4	11.9	1.8	0.6	1.5	
LT-50a-06	205	7.0	24.4	2.9	2.2	9.3	
LT-50a-07	206	6.4	14.1	2.3	0.6	6.8	
LT-50a-08	208	7.0	16.1	2.8	0.8	15.9	
LT-50a-09	205	5.3	10.3	1.4	0.6	0.5	
LT-50a-10	205	6.5	13.8	2.2	0.8	8.8	
LT-50a-11	205	6.2	12.7	2.2	0.6	7.3	
LT-50a-12	205	5.6	12.3	1.8	0.8	2.4	
LT-50a-13	205	6.3	12.8	2.2	0.6	7.8	
LT-50a-14	204	6.2	13.4	2.2	0.7	4.9	
LT-50b-01	205	5.6	14.2	2.0	0.9	4.9	

硫化环境之间不断交替。其中LT-50微层样品的分布范围较小，并且主要局限在氧化/次氧化-硫化的界线附近。LT-23和LT-04两者均表现出相对较大的分布范围，但是LT-04指示氧化程度更高 (Guan et al. 2014) 。

具有自形晶黄铁矿镶边结构的草莓状黄铁矿 (图4.13) 在观察的样品中极为少见。研究表明，沉积时形成的草莓状黄铁矿在成岩后停止生长 (Wilkin et al., 1996)，所以这种后期的加大边极有可能是草莓状黄铁矿在沉积时的第二次生长。最初的草莓状黄铁矿粒径约5 μm，指示了一种还原的沉积水体。当其进入沉积物之后，其生长本应停止，但是如果此时上覆水体转变为氧化，为孔隙水中带来的硫酸根，可以促使原来的草莓状黄铁矿出现二次生长 (Sawlowicz, 1993) 。因此这种具镶边结构草莓状黄铁矿的出现，也表明蓝田组二段沉积环境具有快速波动的特征。

相比于岩石样品的草莓状黄铁矿，化石保存层样品中的草莓状黄铁矿的平均粒径明显偏小，MFD和P_T也更小 (表4.2) 。在草莓状黄铁矿平均粒径/标准偏差和平均粒径/偏度系数图解中 (图4.15 C, D)，可以发现绝大多数的草莓状黄铁矿落在了硫化区域，而仅有少量样品落在了氧化/次氧化-还原界线附近。这表明了蓝田生物群均保存在缺氧硫化的水体之中。

3. 微层样品微量元素分析及其环境意义

为了更加全面地了解微层之间环境的变化，笔者选取LT-04样品开展了高精度的微层级别微量元素研究工作。

蓝田剖面LT-04的17个微层的Co、Cr、Mo、Ni、Th、U和V含量分别为 (7.6～22.4) $\times 10^{-6}$、(38.9～113.6) $\times 10^{-6}$、(1.2～5.0) $\times 10^{-6}$、(20.5～83.5) $\times 10^{-6}$、(4.6～21.7) $\times 10^{-6}$、(2.1～6.5) $\times 10^{-6}$和 (57.1～156.4) $\times 10^{-6}$，在各个微层之间变化较小。LT-04所有微层的Co、Cr、Ni、Th、U、V和Mo的Ti标准化富集系数 ($EF_X = (X/Ti)_{样品}/(X/Ti)_{平均页岩}$) 系数分别是0.41～0.82、0.37～1.35、0.41～0.89、0.40～1.93、0.62～1.88、0.45～1.28和0.36～1.48，微层样品微量元素详细数据见表4.1。

与平均页岩 (Wedepohl, 1971) 相比，各沉积微层的微

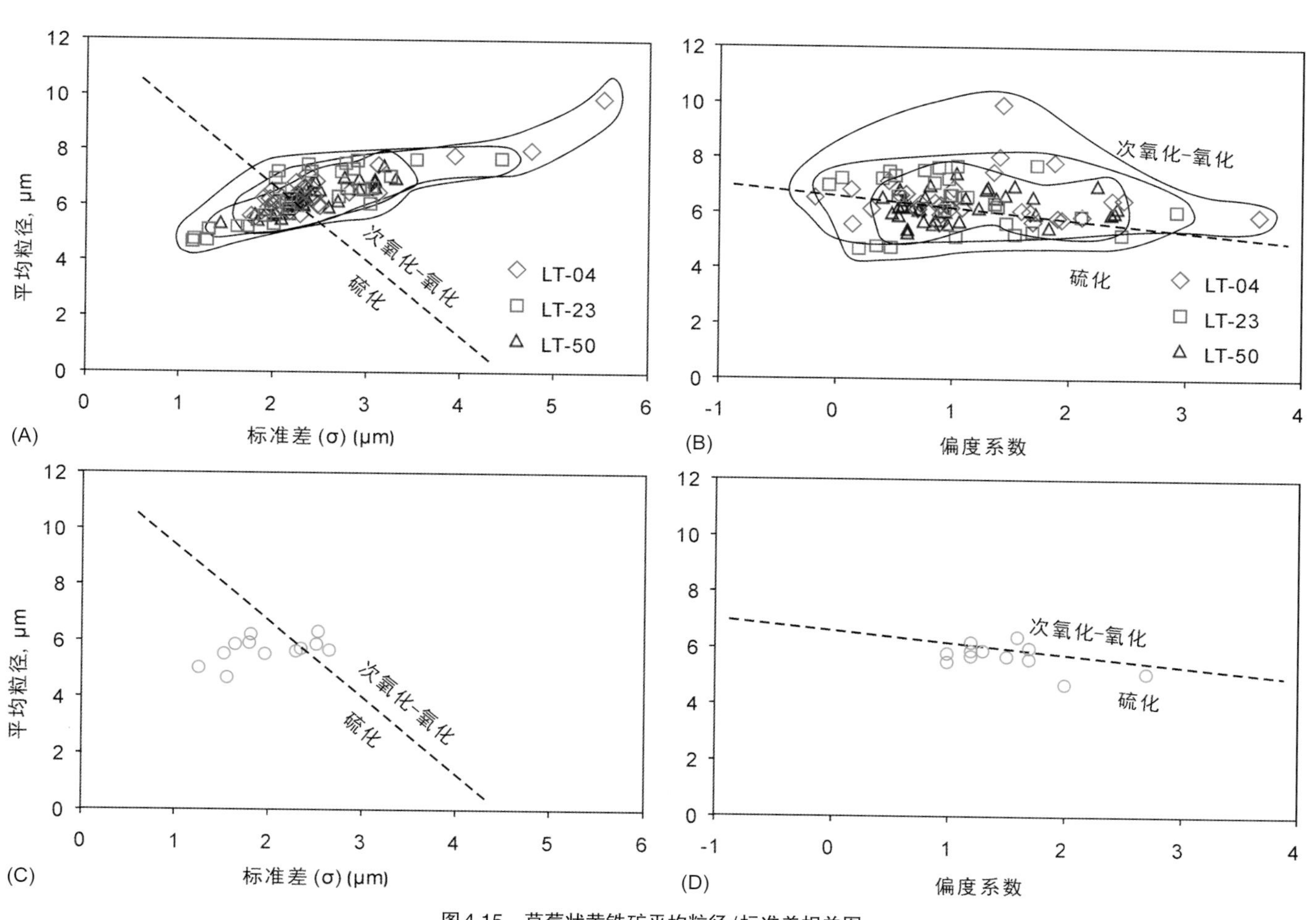

图4.15 草莓状黄铁矿平均粒径/标准差相关图

A, C. 和草莓状黄铁矿平均粒径/偏度系数相关图； B, D. (均改自Wilkin et al., 1996)。

A, B. LT-04、LT-23和LT-50的微层样品；C, D. 蓝田化石赋存层面样品。

量元素总体表现为轻微亏损或者轻微富集。其中对氧化还原敏感的U和V在微层之间含量并无较大的变化，而Mo在不同的微层之间虽然表现出一定的波动，但是波动幅度很小（图4.16），与551 Ma之后沉积的黑色页岩相比，Mo含量明显偏低（Scott et al., 2008），并且这种波动和草莓状黄铁矿粒径以及硫同位素值变化之间不存在一致性。鉴于微量元素的富集不仅受控于氧化还原环境，同时也受控于其在水体中的含量（Algeo, 2006），同全岩样品一样，笔者认为它们反映了当时海水中微量元素含量较低，而并不是海水氧化的表现。

4. 微层硫同位素研究及其环境意义

为了研究微层硫同位素变化和微层草莓状黄铁矿统计特征之间是否存在联系，及其对环境变化是否具有指示意义，笔者对LT-04样品开展了微层硫同位素的研究。

本次研究一共选取了LT-04的28个微层样品进行了硫同位素的分析。与草莓状黄铁矿一样，LT-04样品的$\delta^{34}S_{Py}$值在微层之间波动明显（图4.16），变化范围介于−20.5‰和2.3‰之间，平均值为−9.2‰（表4.2）。Shen et al. (2008) 也对蓝田组二段黑色页岩进行了$\delta^{34}S_{Py}$的研究，其结果表明$\delta^{34}S_{Py}$值介于−21.9‰和20.9‰之间，LT-04微层样品的$\delta^{34}S_{Py}$值均落于这个区间内。皖南微层样品$\delta^{34}S_{Py}$值相比于上扬子台地相的$\delta^{34}S_{CAS}$值（平均约34‰）明显偏低（Li et al., 2010; McFadden et al., 2008; Xiao et al., 2012），利用这个$\delta^{34}S_{CAS}$值可以大致推断$\Delta^{34}S$值（$=\delta^{34}S_{CAS}-\delta^{34}S_{Py}$）应该为13‰～56‰。如果此推断的$\Delta^{34}S$可靠的话，那么超过46‰的$\Delta^{34}S$的出现，可能反映了当时海水出现过间歇性的氧化（Canfield, 1996），这支持微层草莓状黄铁矿粒径统计的研究结果。虽然LT-04样品$\delta^{34}S_{Py}$值也表现出了微层之间的快速波动，但是这种波动和微层黄铁矿粒径的波动并不一致

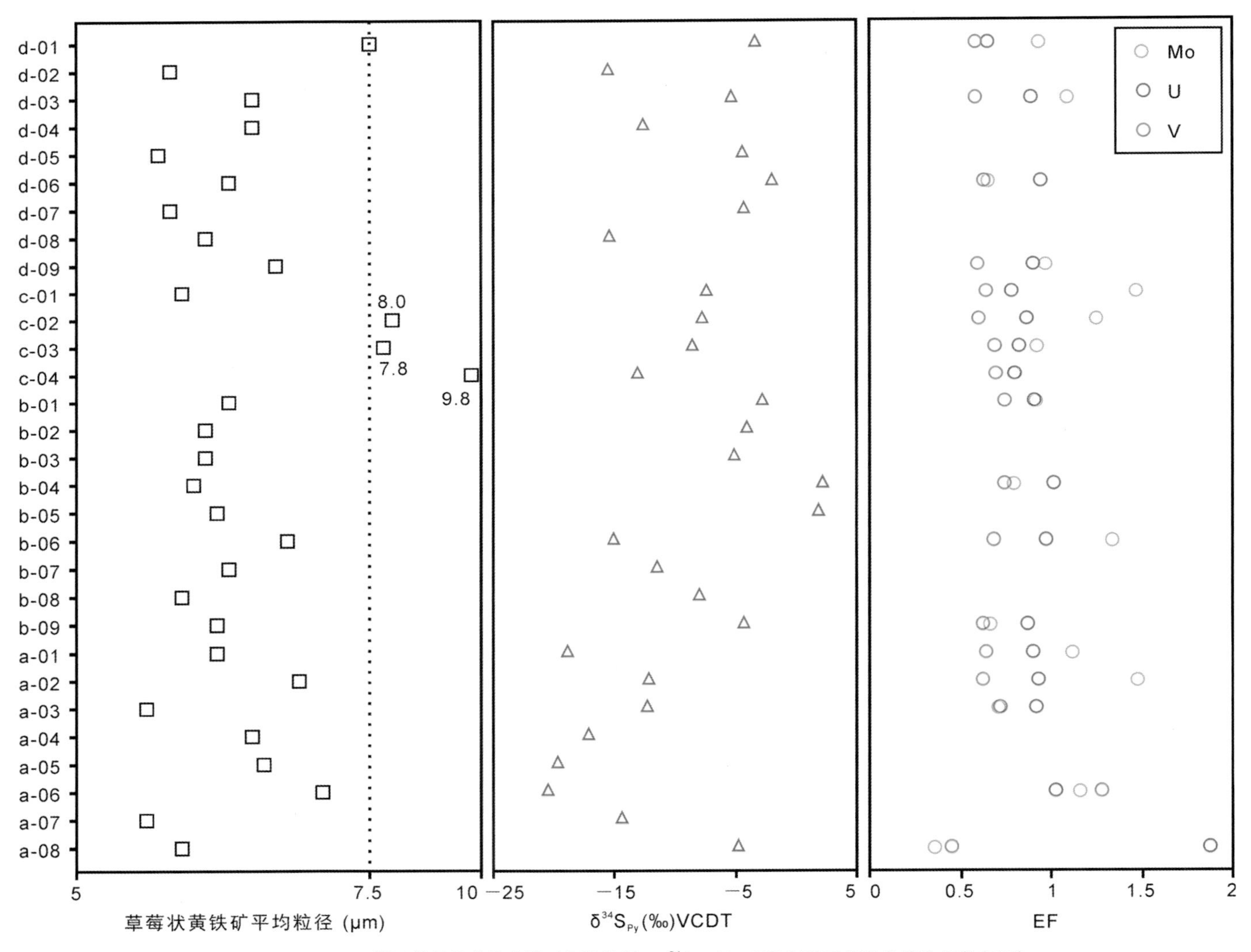

图4.16 LT-04微层样品草莓状黄铁矿平均粒径、$\delta^{34}S_{Py}$、Mo、U和V的Ti标准化富集系数（EF）

(图4.16)，这种微层尺度上 $δ^{34}S_{Py}$ 值的快速波动不仅反映了黄铁矿的形成地点(水体之中或者是沉积物中)，同时也受控于环境中硫酸根浓度及其硫同位素的变化，这可能是 $δ^{34}S_{Py}$ 难以和草莓状黄铁矿协同变化的原因。

小结

沉积微层的草莓状黄铁矿粒径统计结果表明硫化的底层水体会间歇性地转化为氧化/次氧化，而 $δ^{34}S_{Py}$ 的快速波动也支持微层之间存在着快速的氧化还原环境波动。化石保存层的草莓状黄铁矿粒径分析表明化石保存于缺氧硫化的水体之中。综合以上分析可以推断，水体的间歇性氧化为蓝田生物群的生存提供了必要的条件，而当还原性水体再次到来时，蓝田生物群被杀死并得以保存为化石。

氧化还原敏感元素的含量在微层之间较为稳定，没有出现同微层草莓状黄铁矿分析结果相一致的变化，说明其可能主要受控于海水中微量元素的含量。$δ^{34}S_{Py}$ 在微层之间虽然表现出显著的波动，但是这种波动和微层黄铁矿粒径的变化并不一致。

4.2.5 结论

我们开展了皖南埃迪卡拉系蓝田组二段蓝田生物群产出层位黑色页岩岩石学分析，在此基础上，进行了黑色页岩全岩样品微量元素分析，以及微层样品的草莓状黄铁矿粒径统计、微量元素和硫同位素分析。在此基础之上，对皖南埃迪卡拉纪早期古环境变化方面取得了一些初步认识，归纳如下：

(1) 保存蓝田生物群的黑色页岩沉积于最大浪基面以下的静水环境中，蓝田生物群应该生活在浪基面之下、透光带以上，水深约50～200 m。

(2) 蓝田盆地在埃迪卡拉纪早期可能以缺氧还原环境为主，但是会间歇性地转变为氧化/次氧化环境。

(3) 海水的间歇性氧化为蓝田生物群的生存提供了条件，而当水体再次转变为缺氧硫化时，生物被杀死并得以保存为化石。

参考文献

曹瑞骥，唐天福，薛耀松，等. 1989. 扬子区震旦纪含矿地层研究. 见：中国科学院南京地质古生物研究所编辑，扬子区上前寒武系. 南京：南京大学出版社，1–94.

丁莲芳，李勇，胡夏嵩，等. 1996. 震旦纪庙河生物群. 北京：地质出版社，1–211.

华洪，张录易，张子福等. 2001. 高家山生物群化石组合面貌及其特征. 地层学杂志，25(1): 13–17.

袁训来，王启飞，张昀. 1993. 贵州瓮安磷矿前寒武纪陡山沱期的藻类化石. 微体古生物学报，10(40): 409–420.

张录易. 1986. 陕西宁强晚震旦世晚期高家山生物群的发现和初步研究. 中国地质科学院西安地质矿产研究所所刊，13: 67–88.

Algeo T J, Lyons T W. 2006. Mo-total organic carbon covariation in modern anoxic marine environments: Implications for analysis of paleoredox and paleohydrographic conditions. Paleoceanography, 21(1): 279–298.

Algeo T J. 2004. Can marine anoxic events draw down the trace element inventory of seawater? Geology, 32(12): 1057–1060.

Bao H, Lyons J, Zhou C. 2008. Triple oxygen isotope evidence for elevated CO_2 levels after a Neoproterozoic glaciation. Nature, 453: 504–506.

Bristow T F, Kennedy M J, Derkowski A , et al. 2009. Mineralogical constraints on the paleoenvironments of the Ediacaran Doushantuo Formation. Proceedings of the National Academy of Sciences of the United States of America, 106(32): 13190–13195.

Calvert S E, Pedersen T F. 1993. Geochemistry of Recent oxic and anoxic marine sediments: Implications for the geological record. Marine Geology, 113(1-2): 67–88.

Campbell I H, Squire R J. 2010. The mountains that triggered the Late Neoproterozoic increase in oxygen: The Second Great Oxidation Event. Geochimica et Cosmochimica Acta, 74(15): 4187–4206.

Canfield D E, Teske A. 1996. Late Proterozoic rise in atmospheric oxygen concentration inferred from phylogenetic. Nature, 382: 127–132.

Chang H, Chu X, Feng L, et al. 2009. Framboidal pyrites in cherts of the Laobao Formation, South China: Evidence for anoxic deep ocean in the terminal Ediacaran. Acta Petrologica Sinica, 25(4): 1001–1007.

Cloud P. 1972. A working model of the primitive Earth. American Journal of Science, 272(6): 537–548.

Donnadieu Y, Godderis Y, Ramstein G, et al. 2004 A ‘snowball Earth’ climate triggered by continental break-up through changes in runoff. Nature, 428: 303–306.

Francois R. 1988. A study on the regulation of the concentrations of some trace metals (Rb, Sr, Zn, Pb, Cu, V, Cr, Ni, Mn and Mo) in Saanich Inlet Sediments, British Columbia, Canada. Marine Geology, 83(1-4): 285–308.

Guan C, Zhou C, Wang W, et al. 2014. Fluctuation of shelf basin redox conditions in the early Ediacaran: evidence from Lantian Formation black shales in South China: Precambrian Research, 245: 1–12.

Hoffman P F. 1999. The break-up of Rodinia, birth of Gondwana, true polar wander and the snowball Earth. Journal of African Earth Sciences, 28(1): 17–33.

Hoffman P F, Kaufman A J, Halverson G P, et al. 1998. Neoproterozoic snowball earth. Science, 281: 1342–1346.

Hoffman P F, Schrag D P. 2000. Snowball earth. Scientific American, 282(1): 68–75.

Hoffman P F, Schrag D P. 2002. The snowball Earth hypothesis: testing the limits of global change. Terra Nova, 14(3): 129–155.

Hyde W T, Crowley T J, Baum S K, et al. 2000. Neoproterozoic 'snowball Earth' simulations with a coupled climate/ice-sheet model. Nature, 405: 425–429.

Javaux E J, Knoll A H, Walter M R. 2004. TEM evidence for eukaryotic diversity in mid-Proterozoic oceans. Geobiology, 2(3): 121–132.

Kirschvink J L. 1992. Late Proterozoic low-latitude global glaciation: the snowball Earth// Schopf JW eds. The Proterozoic Biosphere. New York: Cambridge University Press, 51–52.

Li C, Love G D, Lyons T W , et al. 2010. A stratified redox model for the Ediacaran Ocean. Science, 328: 80–83.

Li X. 1999. U-Pb zircon ages of granites from the southern margin of the Yangtze Block: timing of Neoproterozoic Jinning: Orogeny in SE China and implications for Rodinia Assembly. Precambrian Research, 97(1–2): 43–57.

Li X, Li Z, Zhou H, et al. 2002. U-Pb zircon geochronology, geochemistry and Nd isotopic study of Neoproterozoic bimodal volcanic rocks in the Kangdian Rift of South China: implications for the initial rifting of Rodinia. Precambrian Research, 113(1-2): 135–154.

Li Z, Bogdanova S, Collins A S, et al. 2008. Assembly, configuration, and break-up history of Rodinia: A synthesis. Precambrian Research, 160(1-2): 179–210.

Li Z, Li X, Kinny P, et al. 2003. Geochronology of Neoproterozoic syn-rift magmatism in the Yangtze Craton, South China and correlations with other continents: evidence for a mantle superplume that broke up Rodinia. Precambrian Research, 122(1–4): 85–109.

Li Z, Li X, Zhou H, et al. 2002. Grenvillian continental collision in south China: New SHRIMP U-Pb zircon results and implications for the configuration of Rodinia. Geology, 30(2): 163–166.

Liu P, Xiao S, Yin C, et al. 2014. Ediacaran Acanthomorphic acritarchs and other microfossils from chert nodules of the upper Doushantuo Formation in the Yangtze Gorges area, South China. Journal of Paleontology, 88(sp72): 1–139.

Lyons T W, Anbar A D, Severmann S, et al. 2009. Tracking euxinia in the ancient ocean: A multiproxy perspective and Proterozoic case study. Annual Review of Earth and Planetary Sciences, 37: 507–534.

Maruyama S, Santosh M. 2008. Models on Snowball Earth and Cambrian explosion: A synopsis. Gondwana Research, 14(1-2): 22–32.

McFadden K A, Huang J, Chu X, et al. 2008. Pulsed oxidation and biological evolution in the Ediacaran Doushantuo Formation. Proceedings of the National Academy of Sciences of the United States of America, 105(9): 3197–3202.

McManus J, Berelson W M, Severmann S, et al. 2006. Molybdenum and uranium geochemistry in continental margin sediments: Paleoproxy potential. Geochimica et Cosmochimica Acta, 70(18): 4643–4662.

Narbonne G M. 2005. The Ediacara biota: Neoproterozoic origin of animals and their ecosystems. Annual Reviews of Earth and Planetary Sciences, 33: 421–442.

Nielsen J K, Shen Y. 2004. Evidence for sulfidic deep water during the Late Permian in the East Greenland Basin. Geology, 32(12): 1037–1040.

Peterson K J, McPeek M A, Evans D A D. 2005. Tempo and mode of early animal evolution: inferences from rocks, Hox, and molecular clocks. Paleobiology, 31(2): 36–55.

Planavsky N J, Rouxel O J, Bekker A, et al. 2010. The evolution of the marine phosphate reservoir. Nature, 467: 1088–1090.

Powell C M, Li Z, McElhinny M W, et al. 1993. Paleomagnetic constraints on timing of the Neoproterozoic breakup of Rodinia and the Cambrian formation of Gondwana. Geology, 21(10): 889–892.

Reinhard C T, Planavsky N J, Robbins L J, et al. 2013. Proterozoic ocean redox and biogeochemical stasis. Proceedings of the National Academy of Sciences of the United States of America, 110(14): 5357–5362.

Sahoo S K, Planavsky N J, Kendall B, et al. 2012. Ocean oxygenation in the wake of the Marinoan glaciation. Nature, 489: 546–549.

Sawlowicz Z. 1993. Pyrite framboids and their development: a new conceptual mechanism. Geologische Rundschau, 82(1): 148–156.

Scott C, Lyons T W, Bekker A, et al. 2008. Tracing the stepwise oxygenation of the Proterozoic ocean. Nature, 452: 456–459.

Scott C, Lyons T W. 2012. Contrasting molybdenum cycling and isotopic properties in euxinic versus non-euxinic sediments and sedimentary rocks: Refining the paleoproxies. Chemical geology, 324–325: 19–27.

Shen Y, Zhang T, Hoffman P F. 2008. On the coevolution of Ediacaran oceans and animals. Proceedings of the National Academy of Sciences of the United States of America, 105(21): 7376–7381.

Tribovillard N, Algeo T J, Lyons T, et al. 2006. Trace metals as paleoredox and paleoproductivity proxies: An update. Chemical geology, 232(1-2): 12–32.

Wang J, Li Z X. 2003. History of Neoproterozoic rift basins in South

China: implications for Rodinia break-up. Precambrian Research, 122(1-4): 141–158.

Wang L, Shi X, Jiang G. 2012. Pyrite morphology and redox fluctuations recorded in the Ediacaran Doushantuo Formation. Palaeogeography, Palaeoclimatology, Palaeoecology, 333-334(0): 218–227.

Wedepohl K. 1971. Environmental influences on the chemical composition of shales and clays. Physics and Chemistry of the Earth, 8: 305–333.

Wignall P B, Newton R, Brookfield M E. 2005. Pyrite framboid evidence for oxygen-poor deposition during the Permian-Triassic crisis in Kashmir. Palaeogeography, Palaeoclimatology, Palaeoecology, 216(3-4): 183–188.

Wignall P B, Newton R. 1998. Pyrite framboid diameter as a measure of oxygen deficiency in ancient mudrocks. American Journal of Science, 298(7): 537–552.

Wilkin R T, Arthur M A, Dean W E. 1997. History of water-column anoxia in the Black Sea indicated by pyrite framboid size distributions. Earth and Planetary Science Letters, 148(3-4): 517–525.

Wilkin R T, Arthur M A. 2001. Variations in pyrite texture, sulfur isotope composition, and iron systematics in the Black Sea: Evidence for late Pleistocene to Holocene excursions of the O_2-H_2S redox transition. Geochimica et Cosmochimica Acta, 65(9): 1399–1416.

Wilkin R T, Barnes H, Brantley S. 1996. The size distribution of framboidal pyrite in modern sediments: An indicator of redox conditions. Geochimica et Cosmochimica Acta, 60(20): 3897–3912.

Xiao S, Laflamme M. 2009. On the eve of animal radiation: Phylogeny, ecology and evolution of the Ediacara biota. Trends in Ecology & Evolution, 24(1): 31–40.

Xiao S, McFadden K A, Peek S, et al. 2012. Integrated chemostratigraphy of the Doushantuo Formation at the northern Xiaofenghe section (Yangtze Gorges, South China) and its implication for Ediacaran stratigraphic correlation and ocean redox models. Precambrian Research, 192-195: 125–141.

Xiao S, Muscente A, Chen L, et al. 2014. The Weng'an biota and the Ediacaran radiation of multicellular eukaryotes. National Science Review, 1(4): 498–520.

Xiao S, Yuan X, Steiner M, et al. 2002. Macroscopic carbonaceous compressions in a terminal Proterozoic shale: A systematic reassessment of the Miaohe biota, south China. Journal of Paleontology, 76(2): 347–376.

Yin L, Zhu M, Knoll A H, et al. 2007. Doushantuo embryos preserved inside diapause egg cysts. Nature, 446: 661–663.

Yuan X, Chen Z, Xiao S, et al. 2011. An early Ediacaran assemblage of macroscopic and morphologically differentiated eukaryotes. Nature, 470: 390–393.

Yuan X, Chen Z, Xiao S, et al. 2013. The Lantian biota: A new window onto the origin and early evolution of multicellular organisms. Chinese Science Bulletin, 58(7): 701–707.

Yuan X, Li J, Cao R. 1999. A diverse metaphyte assemblage from the Neoproterozoic black shales of South China. Lethaia, 32(2): 143–155.

Zhou C, Jiang S. 2009. Palaeoceanographic redox environments for the lower Cambrian Hetang Formation in South China: Evidence from pyrite framboids, redox sensitive trace elements, and sponge biota occurrence. Palaeogeography, Palaeoclimatology, Palaeoecology, 271(3-4): 279–286.

Zhou C, Xie G, McFadden K, et al 2007. The diversification and extinction of Doushantuo-Pertatataka acritarchs in South China: causes and biostratigraphic significance. Geological Journal, 42(3-4): 229–262.

化石采集中的古生态研究

5 蓝田生物群的古生态

蓝田生物群中的绝大部分化石属于肉眼都能观察到的宏体生物。每一类化石都具有稳定的外形，如扇状或杯状的扇形藻 (*Flabellophyton*) 和蓝田虫 (*Lantianella*)、丛状的黄山藻 (*Huangshanophyton*) 和安徽藻 (*Anhuiphyton*)、环状的奥尔贝串环 (*Orbisiana*)、球形的丘尔藻 (*Chuaria*) 等；动物化石具有类似触手和腔肠的结构；很多丝状藻类具有二岐分叉的特征；大部分化石具有固着器。这些特点表明蓝田生物群是一个以底栖固着生物为主体的复杂生物群。

该生物群属于一个特殊埋藏的化石生物群，它们生活时处于最大浪基面之下、透光带之中的安静水体，死亡后也没有经过水动力的搬运和分选。一些化石较为集中的层面可以观察到化石没有明显的定向性排列，随意倒伏，分布自然，大部分化石保存完整，并且很多都有固着器保存 (图5.1，图5.2)。

在野外化石的发掘和采集过程中，我们观察到在化石生物群产出层段的10多米地层中 (图2.2)，虽然都是黑色页岩，但在不同层位上和同层位的不同区域，化石的分布并非均一。一些层位化石产出丰富，而另一些层位化石极为少见，同层位的不同区域的化石分布也具有类似的特点。

在化石产出丰富的层面，具有零散分布和集中分布的特点。具触手的动物化石数量较少，基本呈零散分布，相对来说，多细胞藻类化石异常丰富，有零散分布的也有呈集群形式保存的。这些原地埋藏并集中分布的化石为研究居群生态和群落生态提供了宝贵的资料。

图5.3—图5.8主要为单一类型化石生物组成的居群。图5.9—图5.14为多种类型化石生物组成的群落。

在同一层面上密集分布的同一类型化石，它们形态基本相似，如图5.3，以蓝田扇形藻组成的居群，化石长度主要分布在1.5～3.5 cm之间，从固着部分向上的发散角主要分布在12°～32°之间，具有明显的正态分布特征 (图5.4)，表明它们应属于同一个种 *Flabellophyton lantianensis*。根据现代遗传学和居群生态学知识，很可能表明它们是有性繁殖产生的同一世代居群。这一现象与埃迪卡拉化石 *Funisia dorothea* 的繁殖机制非常类似 (Droser and Gehling, 2008)。

这种化石居群说明了有性生殖方式在蓝田生物群中可能已经出现 (Yuan et al., 2013)。蓝田生物群的这些以宏体藻类和后生动物为代表的后生生物通过有性生殖的方式，雌雄配子的结合可能发生在体外，处于比较稳定的水体环境中，它们的子代不用进行迁移就能够生活在母体周围较为固定的场所。也许正是这种有性生殖方式出现，大大提高了遗传物质的变异，从而导致了形态复杂化和多样性，进而导致生物群落的多样性。

在同一层面上分布的多种类型化石，除了数量众多的丘尔藻外，大多数情况下都是以蓝田扇形藻为主，它是蓝田生物群中的优势种，其次就是线状安徽藻。最长的蓝田扇形藻可达10多厘米，这也是该时期底栖生态系中分层最高的物种。个体较小的丝状藻类，如线状陡山沱藻、坚实陡山沱藻、中华拟浒苔、玛波利亚藻等类型相对较少，个体也较小，它们零散分布于蓝田扇形藻和线状安徽藻之间，占据该底栖生态系中分层较低的位置。需要说明的是，在这些群落中，丘尔藻数量最多，几乎在所有含化石层都有大量的产出，可以叠加在所有底栖类型之上，它们在这个底栖生态系显然属于外来种，从它们具有开裂的特征以及巨大数量来看，很可能属于浮游藻类的休眠期囊孢。

在这个底栖生态系中，还有一类特殊的底栖生物线状奥尔贝串环 (*Orbisiana linearis*) (详见化石生物学描述)，它是营表栖或者一半生活在泥中的底栖生物，占据了水体最底层沉积物表面的生态位。

在蓝田生物群中，动物化石数量很少，这也许跟化石的生物属性和保存有关，它们既没有生物矿化的骨骼，细胞也不像藻类那样具有抗降解的有机质外壁，它们具有固着器，也是底栖生态系中的一分子。如，蓝田虫具有触手和似腔肠的特征，很可能类似于现代的腔肠动物，它们

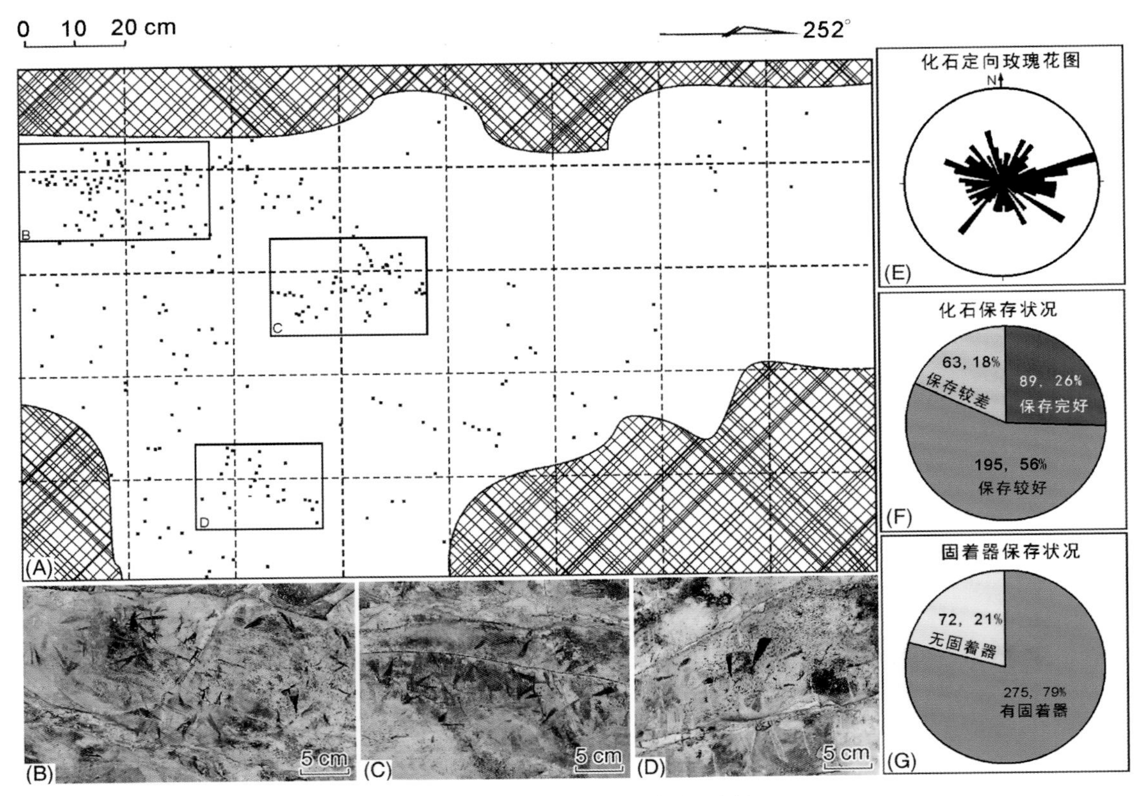

图5.1　同层位保存的化石统计和分析

A. 化石位置的投影图；B—D. 图A中标注位置的化石层面；E. 化石定向玫瑰花图，以固着器向叶状体方向为测量方向，显示没有定向排列的特征；F. 化石保存状况统计图，显示大部分化石保存完好；G. 化石固着器保存状况统计图，显示大部分化石都有固着器保存。

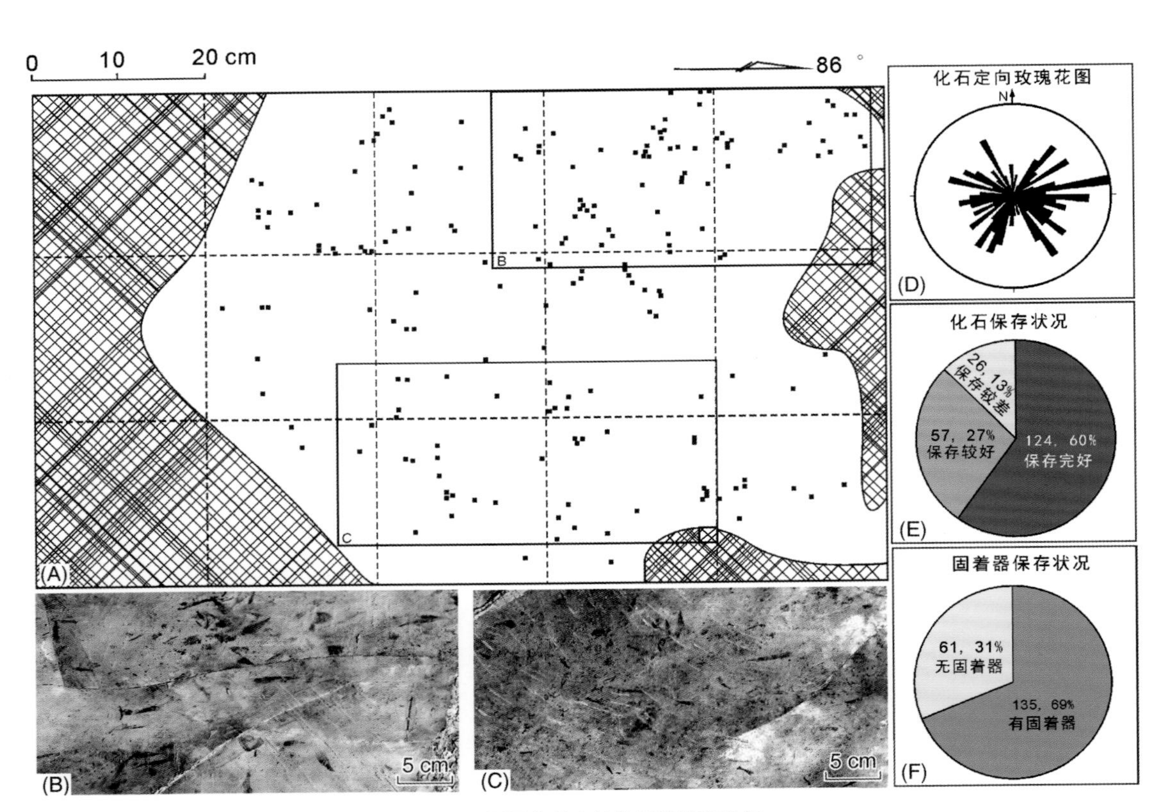

图5.2　同层位保存的化石统计和分析

A. 化石位置的投影图；B、C. 图A中标注位置的化石层面；D. 化石定向玫瑰花图，以固着器向叶状体方向为测量方向，显示没有定向排列的特征；E. 化石保存状况统计图，显示大部分化石保存完好；F. 化石固着器保存状况统计图，显示大部分化石都有固着器保存。

图5.3 蓝田生物群中以单一类群蓝田扇形藻组成的居群

图中化石均保存在同一块页岩表面，是同期生活的化石生物，具固着器，底栖固着生长；它们的大小和形态基本相同，应该是同一个种的生物，很可能属于有性繁殖产生的同一子代的居群。

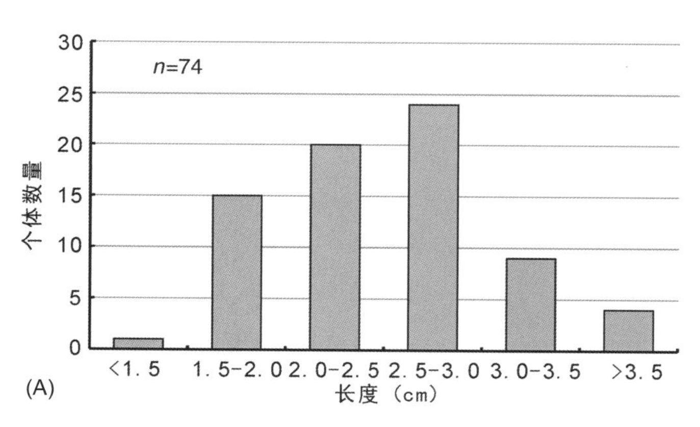

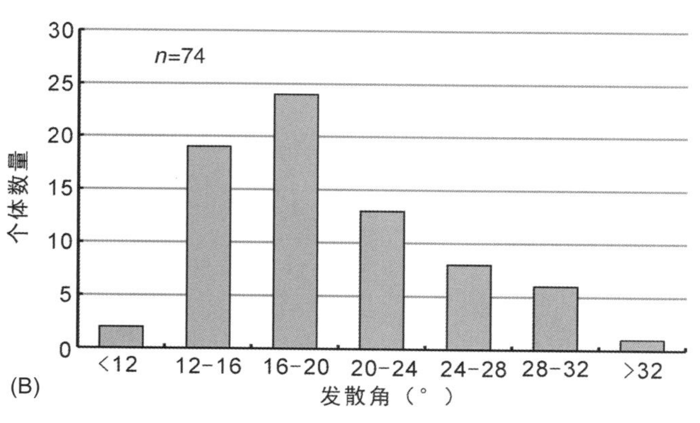

图5.4 图5.3中蓝田扇形藻化石的长度（A）和发散角（B）分布柱状图

图5.5　图5.3的局部放大

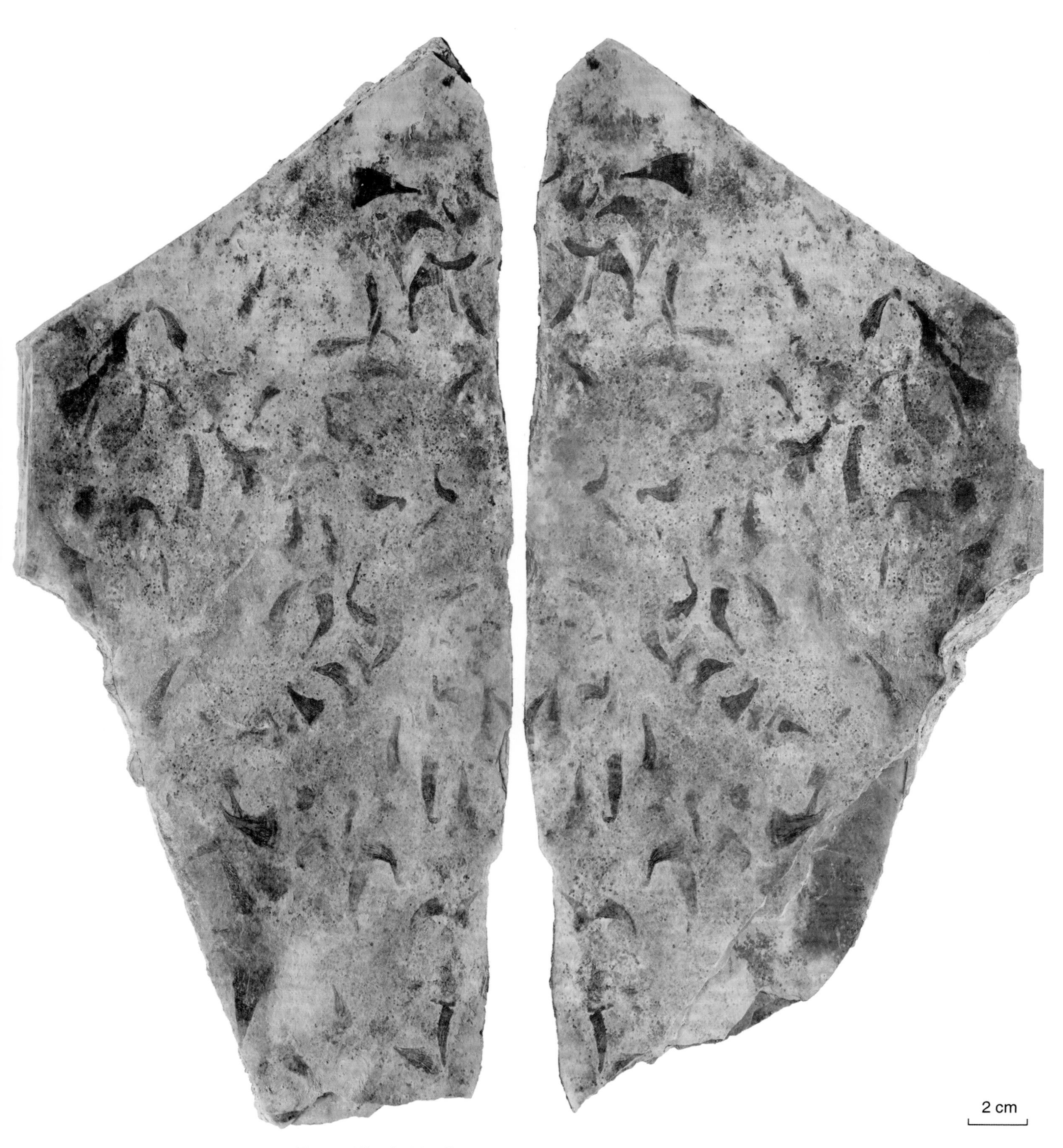

图5.6　以单一类型扇形藻组成的居群（原始生态复原图参见第6章章前图）

图5.7　以单一类型扇形藻组成的居群

图5.8 以具有骨架状身体结构,类似于海绵的未命名类型B组成的居群

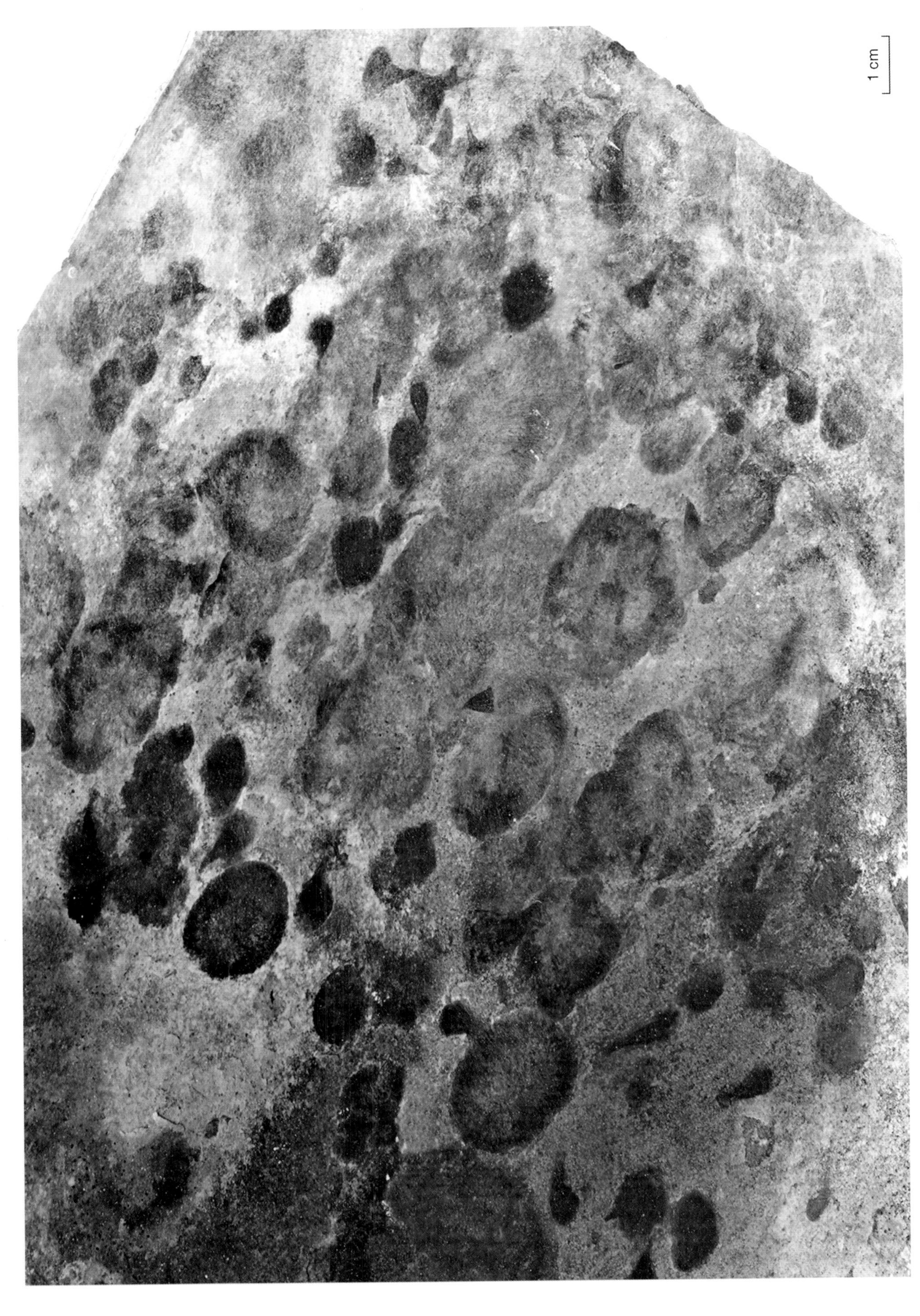

图 5.9 以线状安徽藻和扇形藻为主组成的群落

图5.10 以扇形藻、黄山藻和安徽藻为主组成的群落

图5.11　以扇形藻、黄山藻和陡山沱藻为主组成的群落

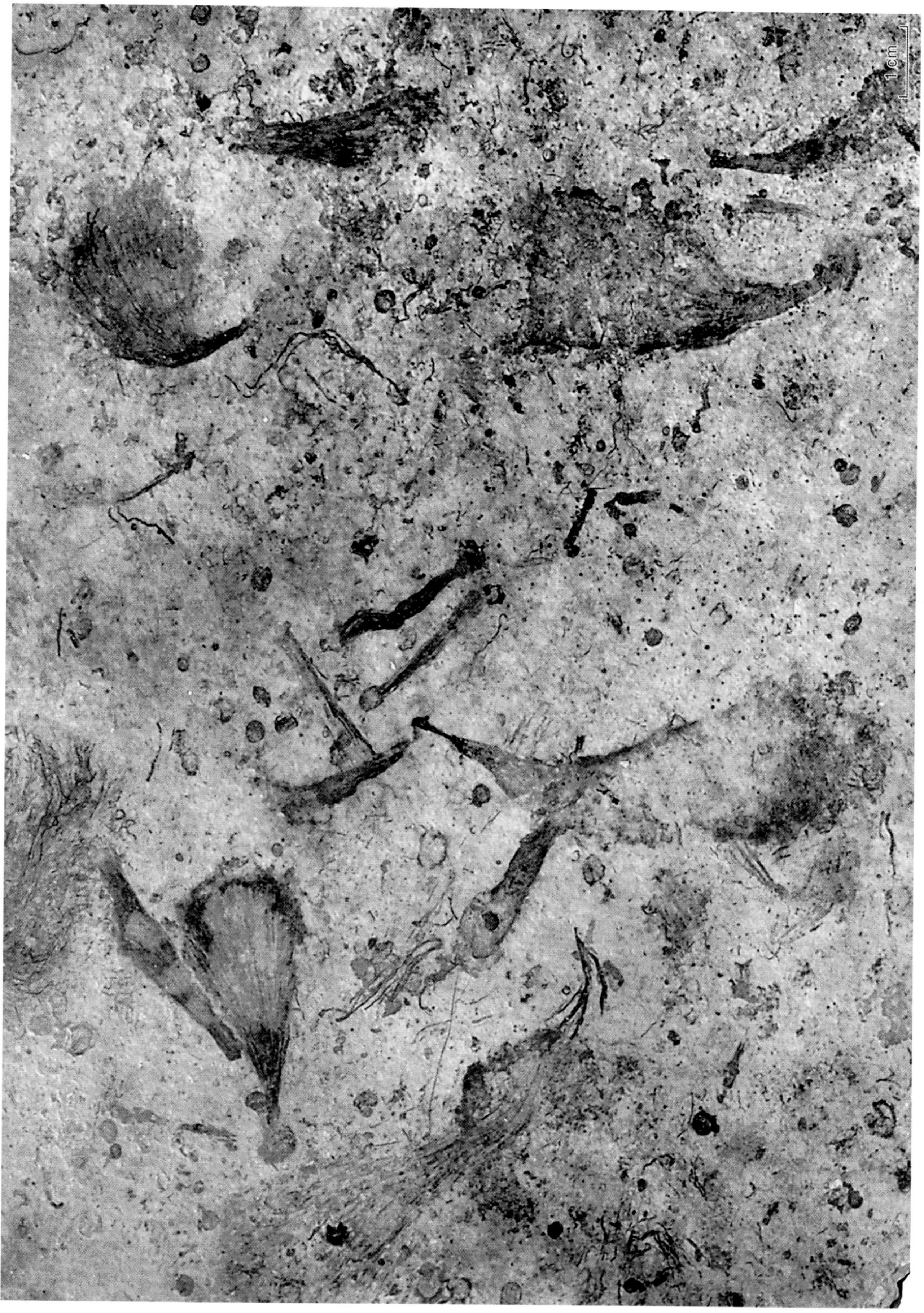

图5.12 以扇形藻、黄山藻和陡山沱藻为主组成的群落

图 5.13 以扇形藻和黄山藻为主组成的群落

图5.14 以扇形藻和黄山藻为主组成的群落

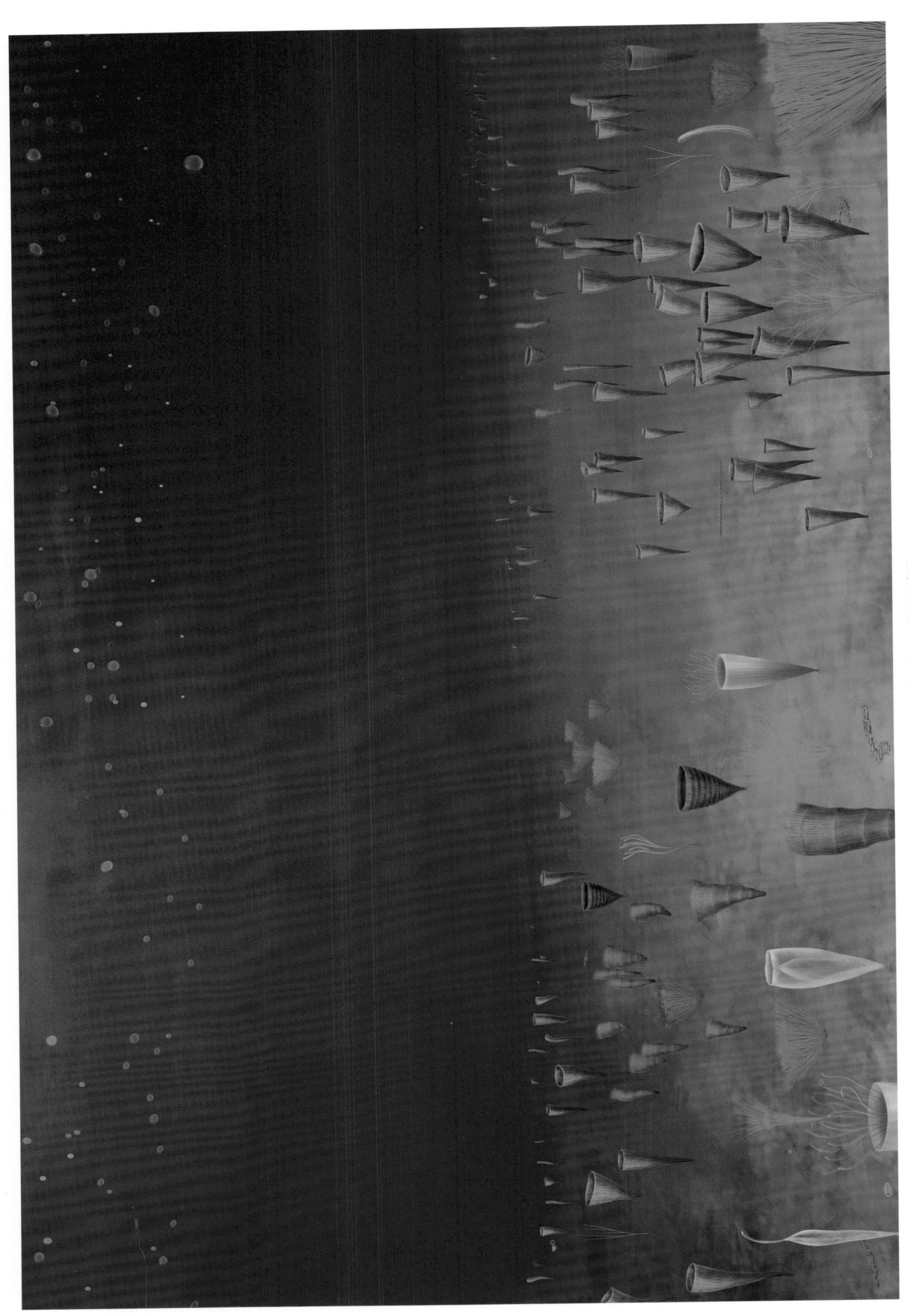

图5.15 蓝田生物群的生态复原示意图

利用触手捕获水中的微生物或沉降的有机质颗粒为食。未命名类型A、B、C都具有横向和纵向的丝状结构并编织成网状，也具有固着装置，形态类似海绵动物，它们也许在该底栖生态系中扮演了滤食性的角色。迄今为止，还没有在蓝田生物群中发现有类似底栖游移的动物或任何可靠的遗迹化石以及被动物搅动过的沉积构造。

总的来看，蓝田生物群及其生活的黑色页岩沉积环境组成了一个以底栖固着的复杂生物为主体的生态系，扇形藻和安徽藻是该生态系中的优势种，它们与其他底栖固着直立生活的藻类和动物占据了底层水体约10 cm左右的生态位，匍匐生长的线状奥尔贝串环位于水体最底层（图5.15）。以丘尔藻为代表的浮游藻类异常丰富，它们是该生态系中的主要初级生产者，由于缺乏底栖游移动物的觅食和搅动，具触手和滤食性的动物数量也非常有限，这些有机质就大量埋藏到沉积物中，也为该时期大气氧含量的提升起到了重要作用。

这样一个以底栖固着复杂生物为主体的生态系统，出现在“雪球地球”事件刚刚结束之后广泛海进的第一个沉积旋回之中，是该时期环境的巨变及其与生物协同演化的结果。该生态系在此之前的地质历史中还没有出现过，它为埃迪卡拉纪晚期以及寒武纪之后的复杂生态系统的建立和发展奠定了基础。

参考文献

Droser M L, Gehling J G. 2008. Synchronous aggregate growth in an abundant new Ediacaran tubular organism. Science, 319: 1660–1662.

Yuan X, Chen Z, Xiao S, et al. 2013. The Lantian biota: A new window onto the origin and early evolution of multicellular organisms. Chinese Science Bulletin. 58(7): 701–707.

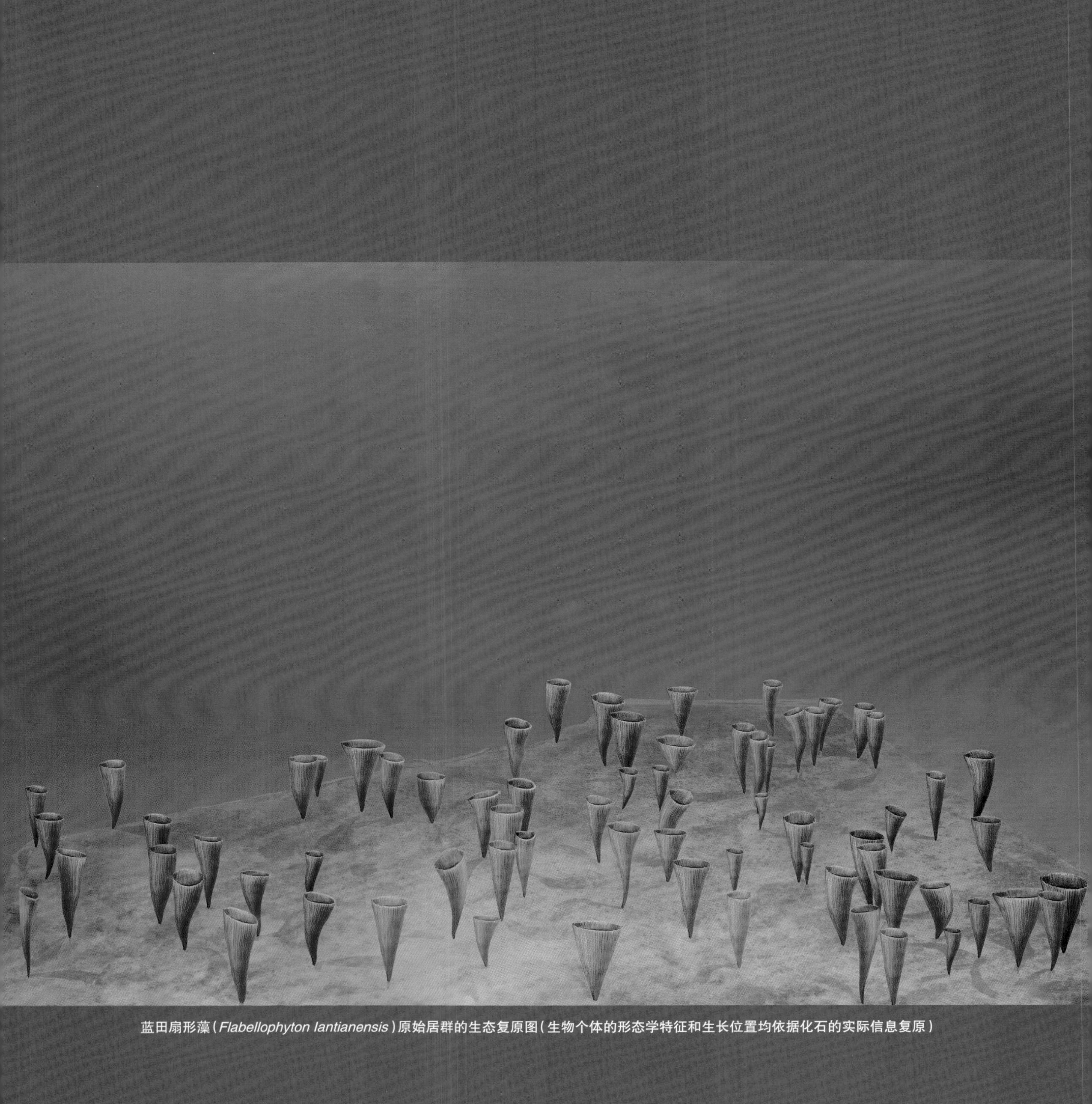

蓝田扇形藻（*Flabellophyton lantianensis*）原始居群的生态复原图（生物个体的形态学特征和生长位置均依据化石的实际信息复原）

6 多细胞生物的起源与早期演化模式

6.1 以往的认识

真核生物的起源是早期生命演化史上的一个革新事件，它们与大气圈中自由氧的出现紧密相关。可靠的单细胞真核生物化石可以追溯到古元古代 (Peng et al., 2009)，它们的主要支系在新元古代冰期之前都已经出现 (Porter., 2004)，例如，杂色藻类以及绿藻、红藻在距今13—10亿年间已经发生了分异 (Butterfirld et al., 1990, 1994)，原生动物在7.5亿年前也有代表分子出现 (Porter and Knoll, 2000)。虽然后生动物在新元古代冰期之前可靠的化石记录很少 (Maloof et al., 2000; Brain et al., 2012)，但从最保守的分子钟推算，原口动物和后口动物至少在7亿年前就发生了分异 (Erwin et al., 2011)，有的分子钟推算甚至估计原口动物和后口动物在10亿年前就已经起源 (Doolittle et al., 1996; Wray et al., 1996; Ayala et al., 1998; Lee, 1999)。早在19世纪，Haeckel就推测，早期后生动物应该是微体的，形态与现生动物的胚胎与幼虫相类似 (Haeckel, 1874)。现代发育生物学家也认为后生动物在获得宏体形态之前，它们类似于现代无脊椎动物幼虫，并且存在较长时间的早期演化历史 (Davidson, et al., 1995; Erwin and Davidson, 2002)。

相对于微体生物而言，多细胞宏体生物对环境条件的要求更高，它们不但需要较为稳定的生存空间，而且介质中氧含量必须达到一定的浓度。宏体生物在埃迪卡拉纪中晚期浅海中广泛出现，并具有较大的形态分异，在相关的地层中还发现了大量的遗迹化石 (Jensen, 2003; Jensen et al., 2006; Seilacher, 2005)，另外，在一些深水沉积岩中，也有部分埃迪卡拉生物群被发现，如Avalon生物群 (Narbonne, 2005)、庙河生物群 (Xiao et al., 2002)，表明该时期的宏体生物 (包括后生动物和多细胞藻类) 在底栖生态系统中已经扮演了重要的角色。尽管对埃迪卡拉生物群中某些类型的生物属性还存在不同的看法，但它们的广泛分布意味着在埃迪卡拉纪中晚期，以宏体生物为主体的复杂生态系统业已形成，浅海海域已经完全被氧化，而且深水区域也是有氧环境。

从生物进化的角度来看，多细胞动物在埃迪卡拉生物群之前应该有一个较长的演化历史。但由于化石的稀缺，在埃迪卡拉纪早期及之前的地层中不但没有发现宏体动物化石，也没有发现可靠的遗迹化石，甚至在沉积岩层中没有任何动物搅动的痕迹。因此，大家普遍推测，埃迪卡拉生物群之前的动物应该是微体的、营浮游生活的 (Knoll and Carroll, 1999)，它们保存为化石的可能性很小。

上世纪末，中国贵州瓮安生物群的发现为早期多细胞生物的研究带来了新资料。该化石生物群中距今约6亿年，老于埃迪卡拉生物群，早期的磷酸盐化和硅化作用使生物的有机体得以完好地保存，在该生物群中，发现的多细胞生物化石都是微体的，其中包括微体的多细胞藻类、动物胚胎化石以及微体管状腔肠动物化石和海绵等 (Xiao et al., 2014; Yin et al., 2015)。同时在湖北三峡地区的埃迪卡拉系陡山沱组下部的硅质岩中也发现了大量的动物胚胎化石 (Yin et al., 2007; 尹磊明等, 2008)。部分学者还认为，来自澳大利亚、东欧地台和西伯利亚等地的埃迪卡拉纪早期的某些大型带刺疑源类也有可能属于动物胚胎的休眠期囊胞 (Cohen et al., 2009)。长期以来，在保存动物胚胎化石的相应层位中并未找到可靠的动物成体，一些学者对这些动物胚胎化石也存在不同的认识 (Xiao et al., 2007; Huldtgren et al., 2011)，如解释为团藻、巨大硫细菌或原生生物 (薛耀松等, 1999; Butterfield, 2011; Huldtgren et al., 2011; Chen et al., 2014)。上述一系列的研究进一步证实了埃迪卡拉生物群出现之前，后生动物应该有较为广泛的分布，也似乎更加让人们确信：该时期的后生动物应该是微体的，并且营浮游生活。

6.2 蓝田生物群赋予的新认识

蓝田生物群的新资料为我们重新认识多细胞生物的早期演化打开了一个新窗口。

首先，它告诉人们，在埃迪卡拉生物群出现之前已经

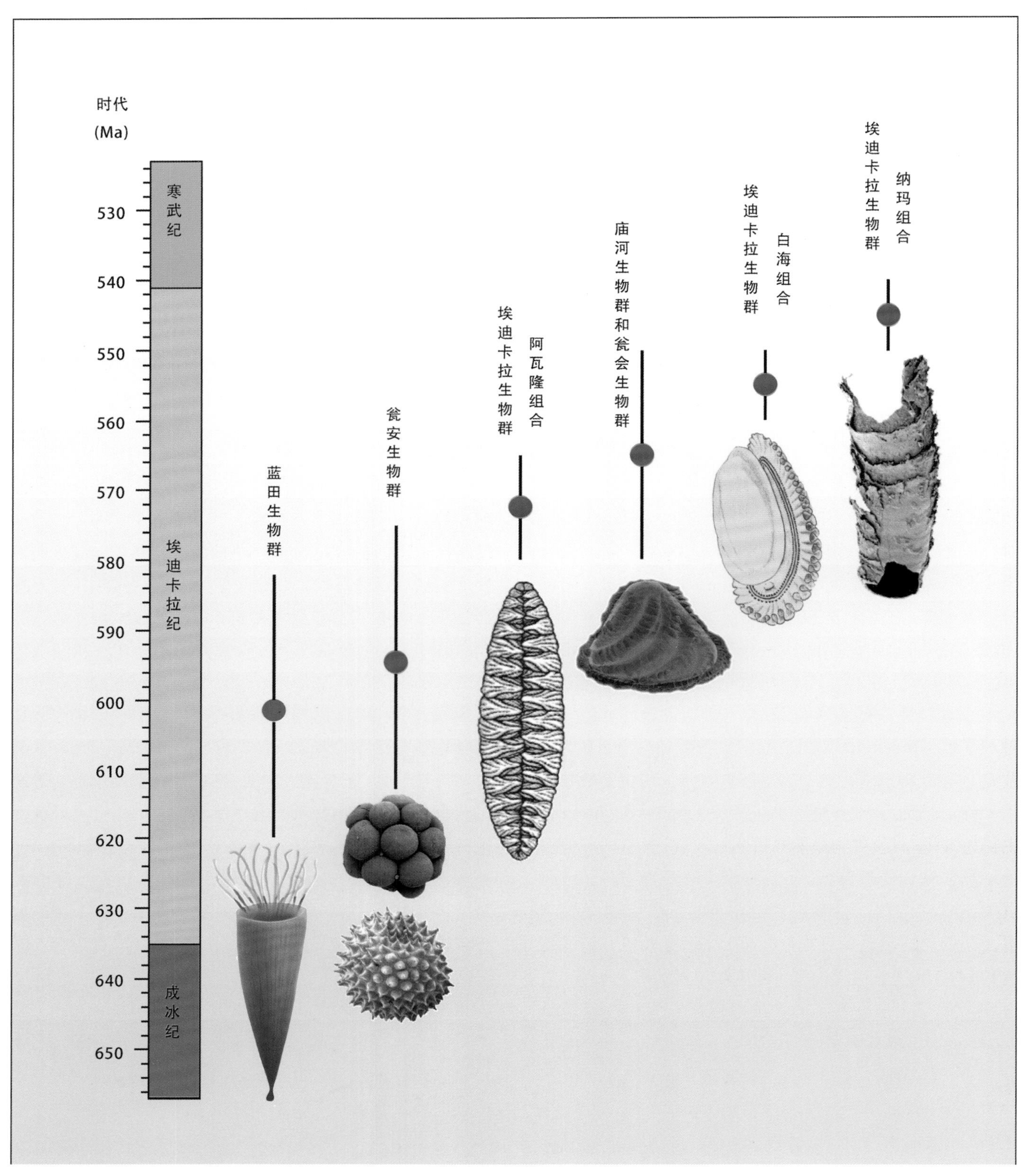

图6.1　埃迪卡拉纪重要的复杂生物化石组合（修改自Xiao et al., 2014）
蓝田生物群距今约6亿年，为早期多细胞生物起源和早期演化提供了重要的化石资料。

存在宏体多细胞真核生物，有多细胞藻类，也有后生动物。

第二，与埃迪卡拉生物群的生活方式类似，它们绝大多数也是底栖固着型的生物。

第三，虽然蓝田生物群中的大部分类型与埃迪卡拉生物群的形态有着明显的差异，但部分化石，如扇形藻和线状奥尔贝串环，分别在时代较晚的澳大利亚埃迪卡拉生物群和俄罗斯的白海生物群中也有出现 (Xiao et al., 2013; Wan et al., 2014)。另外，分枝的和扇状的多细胞藻类与庙河生物群以及现代的藻类也许存在直接的演化关系。一些动物化石具有的锥状体型、触手和肠道特征与现生的某些无脊椎动物 (如腔肠动物、蠕虫动物等) 的体型结构可以比较。表明蓝田生物群与埃迪卡拉纪晚期及寒武纪之后出现的复杂生物存在明显的演化关系 (图6.1)。

第四，一般认为，早期后生生物应该生存乃至起源于浅水富氧的环境，然而蓝田生物群却生活在较深水并且间歇性缺氧的静水环境，这一独特的现象也许与后生生物的繁殖机制有关。我们知道，后生生物的主要繁殖方式是有性繁殖，雌雄配子的结合如果发生在体外，就需要一个相对比较稳定的水体环境，它们的子代不用进行迁移就能够生活在母体周围较为固定的场所。即使早期后生生物的有性繁殖机制还比较原始，蓝田地区埃迪卡拉纪早期的海洋静水环境也许更加适合这一过程的发生。蓝田生物群中的一些居群很可能就是有性繁殖的结果。

根据蓝田生物群的总体特征以及相关的环境信息，对多细胞生物的起源、早期演化及其环境背景也许可以做如下的推测。

新元古代大冰期之前的浅海底栖生态系统是以原核生物为主体，真核生物虽然在古元古代就已经起源，但由于氧气含量较低带来的一系列环境因素的影响，延缓了真核生物的多样化进程，它们分异度较低，以微体类型为主，大部分营浮游生活在水体的浅表层含氧带。经过长达1亿多年的新元古代冰期-间冰期事件之后，大气圈氧含量明显增加，海洋的深层水被逐渐地氧化，一些浮游的微体真核生物能够迁移到较深水的海底生活，并建立了以多细胞生物为主体的高级生态系统。与多细胞藻类一样，这个时期的后生动物也是营底栖固着生活，它们类似于现代的腔肠动物或海绵动物，没有对沉积物产生任何搅动作用。在最大浪基面之下的有光带内的静水环境中，这些藻类和动物有可能都是进行有性繁殖，从而大大提高了遗传物质的变异，并进一步导致了形态的复杂化和多样化。在这样的环境中，多细胞生物，特别是动物经过了数千万年的演化，它们的体型结构以及繁殖机制逐渐完善。在埃迪卡拉纪中晚期，它们逐步迁移和扩散到较浅水的近岸环境中。

6.3 讨论

多细胞生物的起源和早期演化是一个非常复杂的过程。毫无疑问，一些真核生物的多细胞化过程在新元古代冰期前就已经发生，例如，杂色藻类以及绿藻、红藻在距今13亿—10亿年间已经发生了分异 (Butterfield et al., 1990, 1994; Butterfield, 2004)，它们个体微小，该时期的海洋底栖生态位几乎都被微生物生态席所占据，海洋含氧量也不适合宏体真核生物的发展，新元古代全球大冰期 (Marinoan glaciation) 过后不久出现的蓝田生物群也许可以看成是复杂宏体真核生物的第一次辐射。

在埃迪卡拉纪晚期至寒武纪早期，底栖游移的后生动物 (如节肢动物、软体动物等) 发生了大规模的辐射 (Liu et al., 2010; Pecoits, 2012)，但迄今为止，在埃迪卡拉纪早期还没有任何可靠化石证据显示它们已经出现，蓝田生物群中也没有底栖移动的复杂动物实体化石和遗迹化石。

总之，“蓝田生物群”是形态简单或微体的真核生物向体型结构复杂和形态多样性演化的重要环节，它预示着多细胞宏体生物的起源和早期演化很可能发生在较深水的安静环境中。

参考文献

薛耀松，周传明，唐天福. 1999. “动物胚胎”——对瓮安地区陡山沱组微体化石的错误解释. 微体古生物学报，16(1): 1–4.

尹磊明，周传明，袁训来. 2008. 湖北宜昌埃迪卡拉系陡山沱组天柱山卵囊胞——*Tianzhushania*的新认识. 古生物学报，47(2): 129–140.

Ayala F J, Rzhetsky A, Ayala F J. 1998. Origin of the metazoan phyla: Molecular clocks confirm paleontological estimates. Proceedings of the National Academy of Sciences of the United States of America, 95: 606–611.

Brain C B, Prave A R, Hoffmann K H, et al. 2012. The first animals: ca. 760-million-year-old sponge-like fossils from Namibia. South African Journal of Science, 108(1-2): 1–8.

Butterfield N J, Knoll A H, Swett K. 1990. A bangiophyte red alga from the Proterozoic of arctic Canada. Science, 250: 104–107.

Butterfield N J. 2011. Terminal developments in Ediacaran Embryology. Science, 334: 1655–1656.

Butterfield N J, Knoll A H, Swett K. 1994. Paleobiology of the Neoproterozoic Svanbergfjellet Formation, Spitsbergen. Fossils and Strata, 34: 1–84.

Butterfield N J. 2004. A vaucheriacean alga from the middle Neoproterozoic of Spitsbergen: implications for the evolution of Proterozoic eukaryotes and the Cambrian explosion. Paleobiology, 30(2): 231–252.

Chen L, Xiao S, Pang K, et al. 2014. Cell differentiation and *germ-soma* separation in Ediacaran animal embryo-like fossils. Nature, 516: 238–241.

Cohen P A, Knoll A H, Kodner R B. 2009. Large spinose microfossils in Ediacaran rocks as resting stages of early animals. Proceedings of the National Academy of Sciences of the United States of America, 106(16): 6519–6524.

Davidson E H, Peterson K J, Cameron R A. 1995. Origin of bilaterian body plans: evolution of developmental regulatory mechanisms. Science, 270: 1319–1325.

Doolittle R F, Feng D, Tsang S, et al. 1996. Determining divergence times of the major kingdoms of living organisms with a protein clock. Science, 271: 470–477.

Erwin D H, Davidson E H. 2002. The last common bilaterian ancestor. Development, 129(13): 3021–3032.

Erwin D H, Laflamme M, Tweedt S M, et al. 2011. The Cambrian Conundrum: Early Divergence and Later Ecological Success in the Early History of Animals. Science, 334: 1091–1097.

Haeckel E. 1874. The gastrea theory, the phylogenetic classification of the animal kingdom and the homology of the germ-lamellae. Quarterly Journal of Microscopical Science, 14: 142–165.

Huldtgren T, Cunningham JA, Yin C, et al. 2011. Fossilized nuclei and germination structures identify Ediacaran "animal embryos" as encysting protists. Science, 334: 1696–1699.

Jensen S, Droser M, Gehling J. 2006. A critical look at the Ediacaran trace fossil record//Xiao S, Kaufman A J. Neoproterozoic geobiology and paleobiology. Dordrecht: Springer, 27: 115–157.

Jensen S. 2003. The Proterozoic and earliest Cambrian trace fossil record: patterns, problems and perspectives. Integrative and Comparative Biology, 43(1): 219–228.

Knoll A H, Carroll S B. 1999. Early animal evolution: emerging views from comparative biology and geology. Science, 284: 2129–2137.

Lee M S Y. 1999. Molecular clock calibrations and metazoan divergence dates. Journal of Molecular Evolution, 49: 385–391.

Liu A G, Mcllroy D, Brasier M D. 2010. First evidence for locomotion in the Ediacara biota from the 565 Ma Mistaken Point Formation, Newfoundland. Geology, 38(2): 123–126.

Maloof A C, Porter S M, Moore J L, et al. 2010. The earliest Cambrian record of animals and ocean geochemical change. Geological Society of America Bulletin, 122(11-12): 1731–1774.

Narbonne G M. 2005. The Ediacara Biota: Neoproterozoic origin of animals and their ecosystems. Annual Review of Earth and Planetary Sciences, 33: 421–442.

Pecoits E, Konhauser K O, Aubet N R, et al. 2012. Bilaterian burrows and grazing behavior at >585 million years ago. Science, 336: 1693–1696.

Peng Y, Bao H, Yuan X. 2009. New morphological observations for Paleoproterozoic acritarchs from the Chuanlinggou Formation, North China. Precambrian Research, 168(3-4): 223–232.

Porter S M, Knoll A H. 2000. Testate amoebae in the Neoproterozoic Era: evidence from vase-shaped microfossils in the Chuar Group, Grand Canyon. Paleobiology, 26(3): 360–385.

Porter S M. 2004. The fossil record of early eukaryotic diversification. Paleontological Society Papers, 10: 35–50.

Seilacher A, Buatois L A, Gabriela M M. 2005. Trace fossils in the Ediacaran-Cambrian transition: Behavioral diversification, ecological turnover and environmental shift. Palaeogeography Palaeoclimatology Palaeoecology, 227(4): 323–356.

Wan B, Xiao S, Yuan X, et al. 2014. *Orbisiana linearis* from the early Ediacaran Lantian Formation of South China and its taphonomic and ecological implications. Precambrian Research, 255, Part 1: 266–275.

Wray G A, Levinton J S, Shapiro L H. 1996. Molecular evidence for deep precambrian divergences among metazoan phyla. Science, 274: 568–573.

Xiao S, Droser M, Gehling J, et al. 2013. Affirming life aquatic for the Ediacara biota in China and Australia. Geology, 41(10): 1095–1098.

Xiao S, Hagadorn J W, Zhou C, et al. 2007. Rare helical spheroidal fossils from the Doushantuo Lagerstatte: Ediacaran animal embryos come of age? Geology, 35(2): 115–118.

Xiao S, Muscente A, Chen L, et al. 2014. The Weng'an biota and the Ediacaran radiation of multicellular eukaryotes. National Science Review, 1(4): 498–520.

Xiao S, Yuan X, Steiner M. 2002. Macroscopic carbonaceous compressions in a terminal Proterozoic shale: A systematic reassessment of the Miaohe biota, south China. Journal of Paleontology, 76(2): 347–376.

Yin L, Zhu M, Knoll A H, et al. 2007. Doushantuo embryos preserved inside diapause egg cysts. Nature, 446: 661–663.

Yin Z, Zhu M, Davidson E H, et al. 2015. Sponge grade body fossil with cellular resolution dating 60 Myr before the Cambrian. Proceedings of the National Academy of Sciences of the United States of America, 112(12): E1453–E1460.

索 引

作者介绍

袁训来

研究员，中国科学院南京地质古生物研究所，现代古生物学和地层学国家重点实验室。

万　斌

博士，中国科学院南京地质古生物研究所，现代古生物学和地层学国家重点实验室。

关成国

博士，中国科学院南京地质古生物研究所，中国科学院资源地层学与古地理学重点实验室。

陈　哲

研究员，中国科学院南京地质古生物研究所。

周传明

研究员，中国科学院南京地质古生物研究所，中国科学院资源地层学与古地理学重点实验室。

肖书海

教授，美国弗吉尼亚理工学院暨州立大学地质学系，现代古生物学和地层学国家重点实验室，中国科学院“千人计划”入选者。

王 伟

博士，中国科学院南京地质古生物研究所，中国科学院资源地层学与古地理学重点实验室。

庞 科

博士，中国科学院南京地质古生物研究所。

唐 卿

博士研究生，美国弗吉尼亚理工学院暨州立大学地质学系。

华 洪

教授，西北大学地质学系，大陆动力学国家重点实验室。